今すぐ使える かんたんEx

Excel データベース

〈Excel 2016/2013/2010 対応版〉

プロ技 BEST セレクション

国本温子 著

技術評論社

本書の使い方

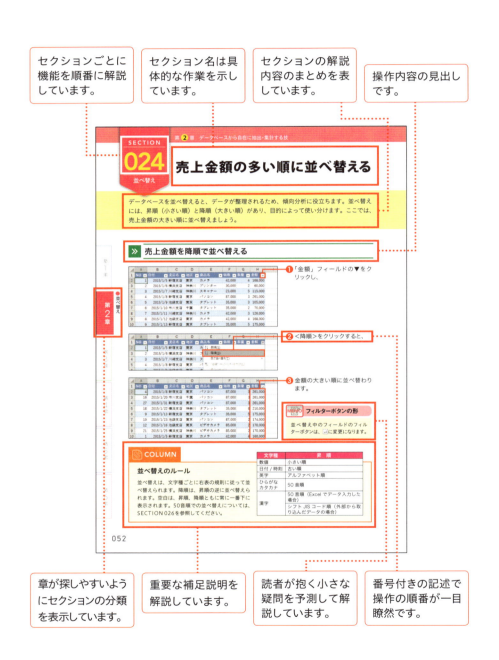

● サンプルダウンロード

本書の解説内で使用しているサンプルファイルは、以下のURLのサポートページからダウンロードできます。ダウンロードしたときは圧縮ファイルの状態なので、展開してからご利用ください。

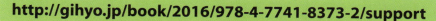

手順解説

① ブラウザー（画面はMicrosoft Edgeの例）を起動し、アドレス欄に上記のURLを入力して、Enterキーを押します。

② ＜ダウンロード＞にあるサンプルファイルのファイル名をクリックします。

MEMO
Microsoft EdgeやInternet Explorerでサンプルファイル名をクリックした後、確認画面が表示された場合は、＜名前を付けて保存＞をクリックして保存場所を指定し、ファイルを保存します。

③ ダウンロードが完了したら、＜開く＞をクリックします。

④ エクスプローラーが表示されるので、＜展開＞タブの＜すべて展開＞をクリックします。

● 目次

第1章 基本のデータベースを作成する技

SECTION 001	データベースとは	14
SECTION 002	データベース作成時の注意点	16
SECTION 003	フィールド名だけの表をテーブルに変換する	18
SECTION 004	データが入力された表をテーブルに変換する	19
SECTION 005	テーブルのスタイルを変更する	20
SECTION 006	入力モードを自動で切り替える	21
SECTION 007	選択肢を表示して入力する	22
SECTION 008	入力できる数値の範囲を指定する	24
SECTION 009	任意のエラーメッセージを表示する	25
SECTION 010	テーブルにデータを追加する	26
SECTION 011	テーブル名を指定する	27
SECTION 012	行や列の見出しを常に表示する	28
SECTION 013	テーブルに行や列を追加する	30
SECTION 014	テーブルから行や列を削除する	31
SECTION 015	テーブルに計算式を入力する	32
SECTION 016	全角文字を半角文字に変換する	34
SECTION 017	半角文字を全角文字に変換する	35
SECTION 018	計算式で修正した値に置き換える	36
SECTION 019	印刷できない文字を削除する	38
SECTION 020	余分な空白を削除する	39
SECTION 021	データをまとめて置換する	40

CONTENTS

SECTION **022**	重複データをまとめて削除する	42
SECTION **023**	フォームを使って入力・表示・編集・検索する	44
COLUMN	データ入力・編集に便利な機能を利用する	50

第2章 データベースから自在に抽出・集計する技

SECTION **024**	売上金額の多い順に並べ替える	52
SECTION **025**	並べ替えを取り消す	53
SECTION **026**	氏名を50音順に並べ替える	54
SECTION **027**	任意の順番で並べ替える	56
SECTION **028**	複数のフィールドで優先順位を付けて並べ替える	60
SECTION **029**	データを選択して抽出する	62
SECTION **030**	データの抽出を解除する	63
SECTION **031**	複数の条件でデータを抽出する	64
SECTION **032**	指定した文字列を含むデータを抽出する	66
SECTION **033**	あいまいな条件でデータを抽出する	68
SECTION **034**	売上金額が指定金額以上のデータを抽出する	69
SECTION **035**	売上金額が指定範囲内のデータを抽出する	70
SECTION **036**	売上金額が上位のデータだけを抽出する	71
SECTION **037**	平均より上のデータだけを抽出する	72
SECTION **038**	セルに色が付いているデータだけを抽出する	73
SECTION **039**	今週のデータだけを抽出する	74
SECTION **040**	ゴールデンウィーク期間のデータを抽出する	75

005

●目次

SECTION 041	複雑な条件を組み合わせてデータを抽出する	76
SECTION 042	抽出したデータを別のワークシートに表示する	80
SECTION 043	スライサーを使ってデータを抽出する	82
SECTION 044	スライサーを使って複数の項目でデータを抽出する	84
SECTION 045	スライサーを使って抽出を解除する	86
SECTION 046	金額合計を表の一番下に求める	87
SECTION 047	集計行に平均を表示する	88
SECTION 048	集計列を変更する	89
SECTION 049	集計行にデータの件数を表示する	90
SECTION 050	集計行を削除する	91
SECTION 051	列の値ごとに合計を自動集計する	92
SECTION 052	テーブルを解除する	95
SECTION 053	表内に小計行を挿入する	96
SECTION 054	小計を解除する	99
SECTION 055	特定の値のセルに色を付ける	100
SECTION 056	特定の値ではないセルに色を付ける	101
SECTION 057	重複する値のセルに色を付ける	102
SECTION 058	指定した値より大きいセルに色を付ける	104
SECTION 059	指定した値以上のセルに色を付ける	105
SECTION 060	平均値より上のセルに色を付ける	106
SECTION 061	数値の大小をデータバーで表示する	107
SECTION 062	数値の大小を色分けして表示する	108
SECTION 063	数値の大小をアイコンで表示する	109
SECTION 064	特定の文字列で終わるセルに色を付ける	110
SECTION 065	セルの値が条件を満たすとき行全体に色を付ける	111

CONTENTS

SECTION 066	土日の行に色を付ける	112
SECTION 067	条件付き書式を解除する	115
SECTION 068	条件付き書式を編集する	116
COLUMN	クイック分析ツールを活用する	118

第3章 関数を活用してデータを抽出・集計する技

SECTION 069	非表示のデータを除いて合計する	120
SECTION 070	売上の累計を求める	122
SECTION 071	商品ごとに合計する	124
SECTION 072	今日の売上を合計する	126
SECTION 073	月別の売上を合計する	128
SECTION 074	今月の売上を合計する	130
SECTION 075	曜日別の売上を合計する	132
SECTION 076	週別の売上を合計する	134
SECTION 077	平日・土日の売上を合計する	138
SECTION 078	「○○」で始まる商品の売上を合計する	140
SECTION 079	複数の条件を満たす売上を合計する	142
SECTION 080	支店別・商品別の売上表を作る	144
SECTION 081	一定期間の売上を合計する	146
SECTION 082	2つの条件のいずれかを満たす売上を合計する	148
SECTION 083	2つの条件をともに満たす売上を合計する	150
SECTION 084	AND条件とOR条件を組み合わせて売上を合計する	151

●目次

SECTION 085	データの件数を求める	152
SECTION 086	非表示のデータを除いて件数を求める	154
SECTION 087	条件に一致するデータの件数を求める	156
SECTION 088	指定した値以上のデータの件数を求める	158
SECTION 089	「○○」で始まるデータの件数を求める	159
SECTION 090	複数の条件を満たすデータの件数を求める	160
SECTION 091	支店別・売上別に件数表を作成する	162
SECTION 092	条件の表を使ってデータの件数を求める	164
SECTION 093	条件に一致するデータの平均を求める	166
SECTION 094	0を除いた平均を求める	168
SECTION 095	曜日別にデータの平均を求める	169
SECTION 096	複数の条件に一致するデータの平均を求める	170
SECTION 097	上位または下位○番目のデータを取り出す	172
SECTION 098	データに対応する値を表示する	174
SECTION 099	順位を表示する	176
SECTION 100	同順位の場合は上の行を上位にする	178
SECTION 101	同順位の場合に別の値を考慮して順位を付ける	180
SECTION 102	成績表から偏差値を求める	182
SECTION 103	「株式会社」を除いてフリガナで並べ替える	184
SECTION 104	別表からデータを検索して取り出す	186
SECTION 105	エラー値が表示されないようにする	188
SECTION 106	複数の表からデータを取り出す	190
COLUMN	DATEDIF関数とTODAY関数を組み合わせる	192

第4章 ピボットテーブルでデータを分析する技

SECTION 107　ピボットテーブルを作成する194
SECTION 108　おすすめピボットテーブルでピボットテーブルを作成する197
SECTION 109　ピボットテーブルの画面構成を知る198
SECTION 110　支店別に集計する200
SECTION 111　支店別集計から商品別集計に変更する202
SECTION 112　商品別・地区別に集計する204
SECTION 113　地区別・支店別に集計する205
SECTION 114　数量と金額の両方で集計する206
SECTION 115　集計表に件数を表示する208
SECTION 116　地区別集計結果の内訳を調べる210
SECTION 117　詳細データを非表示にする212
SECTION 118　集計元のデータの範囲を変更する213
SECTION 119　支店ごとに集計表を表示する214
SECTION 120　支店ごとの集計表を別シートに展開する216
SECTION 121　集計元の修正をピボットテーブルに反映する218
SECTION 122　金額の大きい順・小さい順に並べ替える220
SECTION 123　任意の順番に並べ替える222
SECTION 124　日付を月や四半期にまとめて集計する224
SECTION 125　指定した期間のデータを集計する226
SECTION 126　特定のアイテムだけを表示する228
SECTION 127　売上金額トップ3のアイテムのみ集計する230

目次

SECTION **128** キーワードに一致する商品のみ集計する 232
SECTION **129** 複数のアイテムを1つにまとめて集計する 234
SECTION **130** フィールドの値を使って計算する 236
SECTION **131** 全体に対する構成比を表示する 238
SECTION **132** 列集計に対する構成比を表示する 240
SECTION **133** 基準値に対する比率を求める 241
SECTION **134** 累計を表示する 242
SECTION **135** 順位を表示する 243
SECTION **136** 小計の表示方法を変更する 244
SECTION **137** 項目名を変更する 246
SECTION **138** 数値の表示形式を変更する 248
SECTION **139** ピボットテーブルのデザインを変更する 250
SECTION **140** ピボットテーブルに1行おきに色を付ける 251
SECTION **141** ピボットテーブルのレイアウトを変更する 252
SECTION **142** グループが切り替わるたびに改ページして印刷する 254
SECTION **143** 空白セルに0を表示する 256

第5章 ピボットグラフでデータを見える化する技

SECTION **144** ピボットテーブルからグラフを作成する 258
SECTION **145** ピボットグラフの画面構成を知る 260
SECTION **146** グラフの種類を変更する 262
SECTION **147** グラフのレイアウトを変更する 263

CONTENTS

SECTION **148** グラフのタイトルを追加する ……………………………………… 264
SECTION **149** 軸ラベルを追加する ……………………………………………… 265
SECTION **150** グラフのデザインを変更する …………………………………… 266
SECTION **151** 一部のグラフの色を変更する …………………………………… 268
SECTION **152** グラフの行と列を入れ替える …………………………………… 270
SECTION **153** グラフに表示するアイテムを絞り込む ………………………… 271
SECTION **154** 円グラフで構成比を視覚化する ………………………………… 272
COLUMN ピボットグラフの見栄えをすばやく整える ……………………… 276

第6章 大量のデータを効率よく管理する技

SECTION **155** Excelの表からデータを取り込む ……………………………… 278
SECTION **156** インターネットにある表をリンクして取り込む …………… 284
SECTION **157** インターネットにある表を取り込む ………………………… 288
SECTION **158** PDFファイルの表を取り込む …………………………………… 290
SECTION **159** CSV形式のテキストファイルを取り込む …………………… 292
SECTION **160** スペース区切りのテキストファイルを取り込む …………… 296
SECTION **161** Accessのデータベースからデータを取り込む ……………… 300
SECTION **162** 条件を指定してAccessのデータを取り込む ………………… 302
SECTION **163** 別ブックのデータでピボットテーブルを作成する …………… 306
SECTION **164** リンクされたデータを最新の状態に更新する ………………… 310
SECTION **165** 取り込み元データとのリンクを解除する ……………………… 312

付録 お勧めショートカットキー一覧 …………………………………………… 314

011

> ご注意：ご購入・ご利用の前に必ずお読みください

- 本書に記載された内容は、情報の提供のみを目的としています。したがって、本書を用いた運用は、必ずお客様自身の責任と判断によって行ってください。これらの情報の運用の結果について、技術評論社および著者はいかなる責任も負いません。
- ソフトウェアに関する記述は、特に断りのない限り、2016年8月現在での最新バージョンをもとにしています。ソフトウェアはバージョンアップされる場合があり、本書での説明とは機能内容や画面図などが異なってしまうこともあり得ます。あらかじめご了承ください。
- 本書は、Windows 10およびExcel 2016の画面で解説を行っています。これ以外のバージョンでは、画面や操作手順が異なる場合があります。
- インターネットの情報については、URLや画面などが変更されている可能性があります。ご注意ください。

　以上の注意事項をご承諾いただいた上で、本書をご利用願います。これらの注意事項をお読みいただかずに、お問い合わせいただいても、技術評論社および著者は対応しかねます。あらかじめご承知おきください。

■本書に掲載した会社名、プログラム名、システム名などは、米国およびその他の国における登録商標または商標です。本文中では™マーク、®マークは明記しておりません。

第 1 章

基本のデータベースを作成する技

SECTION 001 基礎知識

第 ① 章 基本のデータベースを作成する技

データベースとは

データベースとは、大量のデータを効率的に利用、管理できるようにしたものです。Excelでは、一定の規則に従って作成した表をデータベースとして利用でき、並べ替え、抽出、集計、分析などさまざまな形でデータを活用できます。

≫ データベースの構成と各部の名称

データベース
1行目に項目名、2行目以降にデータが入力された表。

フィールド行
列見出しとなる項目名（フィールド名）を入力した表の1行目。

大量のデータをただ集めるだけでなく、データベース機能を使って利用することで、活きた情報として利用し、業務改善や売上向上に役立てることが可能になります。

レコード
データのこと。1行が1件分のデータとなる。

フィールド
列のこと。フィールド名に対応した同種のデータの集まり。

📎 COLUMN

データベースを扱うその他のソフト

Excelで扱えるデータベースは、ワークシートに収まる表の範囲になります。データの件数が少なければ管理できますが、件数が多くなってくると管理が難しくなってきます。データベース専用のソフトの1つに、Microsoft Accessがあります。Accessはデータベースの管理に特化しており、比較的小規模なデータ管理に向いているといわれています。大規模なデータを管理する場合は、Microsoft SQL Serverなどのデータベースを用意して、システムを構築するのが一般的です。

データベースを使ってできること

❶ 並べ替え

1つあるいは、複数のフィールドをキーにしてデータを並べ替えると、データが整理され、見やすくなります。ここでは「都道府県」順、「年齢」順に並べ替えています。

❷ 抽出

必要なデータだけを絞り込んで表示できます。ここでは、都道府県が「東京都」のデータだけを抽出しています。

❸ 集計と分析

データを集計して分析できます。ここでは、ピボットテーブルを作成し、都道府県別、年代別の人数を集計しています。このほかに、計算式を使って集計したり、条件付き書式を使ってデータの傾向を見たりすることもできます。

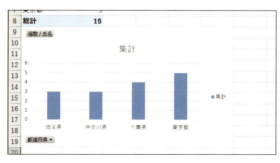

ピボットグラフを使って、データの傾向を視覚化して表現できます。ここでは、都道府県別の人数をグラフで表しています。

SECTION 002 基礎知識

データベース作成時の注意点

第1章 基本のデータベースを作成する技

表をデータベースとして使用するには、一定の規則に従って表が作成されている必要があります。貴重なデータを有効活用するためにも、まずはデータベース作成時の注意点を押さえておきましょう。

≫ 表をデータベースとして使用するための規則

❶ 1行目は項目名（フィールド名）、2行目以降にデータを入力する

データベースの1行目はフィールド行（項目行）とし、セルを連結したり、複数行で作成したりしないようにします。また、1行目のフィールド行には、2行目以降のレコードと区別するためにセルの色や中央揃えなどの書式を設定しておきます。

❷ 同じフィールド名を使わない

同じフィールド名を使うと、列（フィールド）の区別ができなくなってしまうため、必ず異なる名前を付けます。

❸ 1件のデータは1行でまとめる

データベースでは、1行を1レコードとするため、1件のデータは複数行に分割して入力できません。売上伝票のような明細のある表をデータベースにまとめる場合は、明細ごとに1レコードとします。

❹ 空白行を入れない

データベースの中に空白行を入れてしまうと、空白行より下の部分がデータベースとして認識されなくなってしまいます。

❺ 文字表記を揃える

データを正しく集計・分析するために、同じ列では半角／全角、大文字／小文字、数値、ひらがな、カタカナ、漢字などの表記を揃え、表記揺れをなくしていきます。

❻ セルを結合しない

セルを結合していると、データベース機能を正しく利用できません。

SECTION 003 作成

フィールド名だけの表をテーブルに変換する

第 1 章　基本のデータベースを作成する技

テーブル機能を使うと、データベース機能をフル活用できます。一からデータを追加してデータベースを作成する場合は、最初にフィールド名だけの表を作成してテーブルに変換しておくと、データの入力を効率的に行えます。

≫ フィールド名だけ入力してテーブルに変換する

❶ フィールド名を入力したセルをクリックして、
❷ <挿入>タブの<テーブル>をクリックします。

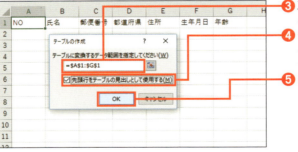

❸ 正しく範囲が指定されていることを確認し、
❹ <先頭行をテーブルの見出しとして使用する>をクリックしてチェックを付け、
❺ < OK >をクリックすると、

❻ 表がテーブルに変換され、表全体に書式が設定されて、フィールド名の横に▼（フィルターボタン）が表示されます。

SECTION 004 作成
データが入力された表をテーブルに変換する

外部データや別のExcelブックのデータを取り込んでデータベースとして利用することもできます。すでにデータが入力されている表もテーブルに変換することができます。データベース機能を利用する前に変換しておきましょう。

既存の表をテーブルに変換する

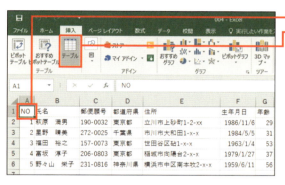

1. 表の中をクリックして、
2. <挿入>タブの<テーブル>をクリックします。

MEMO 別ブック／ソフトのデータ

Excelの別ブックや別のソフトで作成したデータをデータベースに利用できます。詳細は、6章を参照してください。

3. 表全体が指定されていることを確認し、
4. <先頭行をテーブルの見出しとして使用する>にチェックを付けて、
5. < OK >をクリックすると、
6. 表がテーブルに変換されます。

MEMO データ範囲の変更

テーブルに変換するデータ範囲を変更するには、手順❸でシート上をドラッグし、セル範囲を指定し直します。

第 ❶ 章 基本のデータベースを作成する技

SECTION 005 作成

テーブルのスタイルを変更する

表をテーブルに変換すると、表全体に自動的にスタイルが設定されます。スタイルとは、文字やセルの色や罫線などの書式を組み合わせたものです。テーブルに設定されたスタイルは、後から自由に変更できます。

≫ クイックスタイルから任意のスタイルを選択する

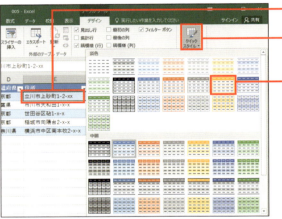

❶ テーブル内のセルをクリックし、

❷ <デザイン>タブの<クイックスタイル>をクリックします。

❸ 一覧から任意のパターンをクリックすると、

❹ テーブルのスタイルが変更されます。

MEMO スタイルが設定されない

<ホーム>タブにあるボタンを使って、セルの色や罫線などの書式を個別に設定していると、その書式が優先されます。この場合、テーブルのスタイル設定が適用されないことがあります。テーブルのスタイルを適用するには、個別に設定した書式を解除しておきましょう。

COLUMN 通常のセル範囲に戻す

テーブルに変換された表を通常のセル範囲に戻すには、テーブル内をクリックし、<デザイン>タブの<範囲に変換>をクリックします。データやセルの色や罫線などの書式はそのまま残ります。

入力モードを自動で切り替える

SECTION 006
入力規則

テーブルにデータを入力するとき、フィールドごとに毎回入力モードを切り替えるのは面倒です。入力規則を使えば、入力モードを自動で切り替えられます。ここでは、「郵便番号」フィールドの入力モードを「半角英数」に設定します。

≫ ＜データの入力規則＞の＜日本語入力＞を設定する

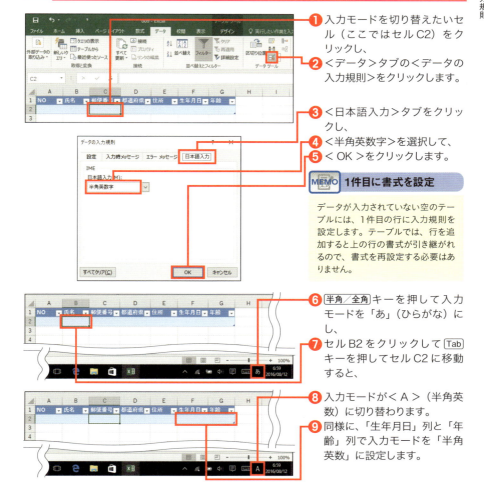

❶ 入力モードを切り替えたいセル（ここではセル C2）をクリックし、
❷ ＜データ＞タブの＜データの入力規則＞をクリックします。

❸ ＜日本語入力＞タブをクリックし、
❹ ＜半角英数字＞を選択して、
❺ ＜ OK ＞をクリックします。

MEMO 1件目に書式を設定
データが入力されていない空のテーブルには、1件目の行に入力規則を設定します。テーブルでは、行を追加すると上の行の書式が引き継がれるので、書式を再設定する必要はありません。

❻ 半角／全角キーを押して入力モードを「あ」（ひらがな）にし、
❼ セル B2 をクリックして Tab キーを押してセル C2 に移動すると、

❽ 入力モードが＜ A ＞（半角英数）に切り替わります。
❾ 同様に、「生年月日」列と「年齢」列で入力モードを「半角英数」に設定します。

SECTION 007 入力規則

選択肢を表示して入力する

都道府県名のように入力値が決まっている場合には、選択肢を表示して入力できるようにすると便利です。ここでは、「都道府県」フィールドに都道府県一覧を表示し、一覧から選択して入力できるように設定します。

選択肢のリストを設定する

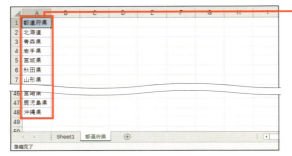

❶ 選択肢に表示する都道府県の一覧表を別シート（ここでは「都道府県」シートのセルA2～A48）に用意します。

MEMO リストを作成する場所

リストに表示する選択肢は、テーブルとは別のワークシートに作成し、いつでも参照・修正できるようにしておきましょう。

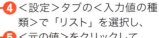

❷ 選択肢を表示したいセルをクリックし、
❸ <データ>タブの<データの入力規則>をクリックします。

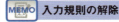

❹ <設定>タブの<入力値の種類>で「リスト」を選択し、
❺ <元の値>をクリックして、
❻ 選択肢の表があるシート名（ここでは「都道府県」シート）をクリックします。

MEMO 入力規則の解除

入力規則を解除したいセル範囲を選択し、<データの入力規則>ダイアログボックスで<すべてクリア>をクリックします。

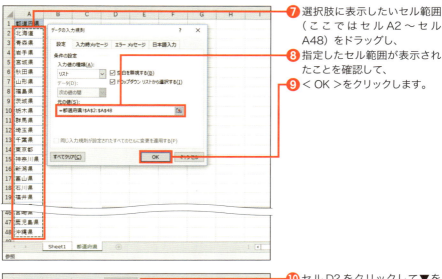

❼ 選択肢に表示したいセル範囲（ここではセル A2 〜 セル A48）をドラッグし、

❽ 指定したセル範囲が表示されたことを確認して、

❾ ＜ OK ＞をクリックします。

❿ セル D2 をクリックして▼をクリックすると選択肢が表示されます。

MEMO キーボードによる表示

選択肢が設定されたセルを選択し、Alt キーを押しながら↓キーを押しても選択肢を表示できます。↓↑キーで移動し、Enter キーまたは Tab キーで項目を選択します。

COLUMN

選択肢を入力して設定する

手順❺で、「男,女」のように、項目を「,」（半角のカンマ）で区切って入力すると、選択肢を直接入力できます。ワークシート上に選択肢の表を用意していない場合、項目が少ない場合は、直接入力して設定するとよいでしょう。

SECTION 008 入力規則

入力できる数値の範囲を指定する

点数や年齢のように入力値の種類や範囲が決まっている場合は、指定した範囲の数値のみが入力されるように設定しておきましょう。ここでは、「年齢」フィールドに0〜100の整数だけが入力できるように設定します。

データの最小値と最大値を設定する

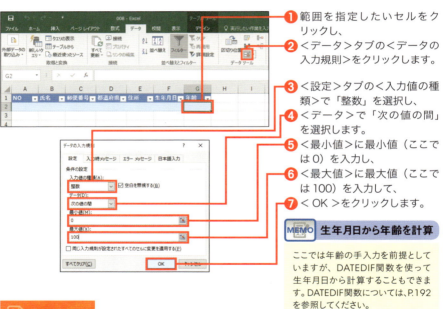

1. 範囲を指定したいセルをクリックし、
2. <データ>タブの<データの入力規則>をクリックします。
3. <設定>タブの<入力値の種類>で「整数」を選択し、
4. <データ>で「次の値の間」を選択します。
5. <最小値>に最小値(ここでは0)を入力し、
6. <最大値>に最大値(ここでは100)を入力して、
7. <OK>をクリックします。

MEMO 生年月日から年齢を計算

ここでは年齢の手入力を前提としていますが、DATEDIF関数を使って生年月日から計算することもできます。DATEDIF関数については、P.192を参照してください。

COLUMN

入力規則で設定できる入力値の種類

<データの入力規則>ダイアログボックスの<入力値の種類>では、セルに入力できるデータの種類や範囲を指定します。入力値の種類は、次の表の通りです。

入力値の種類	内容
すべての値	入力規則が設定されていない状態
整数	指定した範囲の整数
小数点数	指定した範囲の小数点がある数値
リスト	リストで定義された値
日付	指定した範囲の日付
時刻	指定した範囲の時刻
文字列(長さ指定)	指定した長さの文字列
ユーザー設定	他のセルの数式や値に基づいた値

SECTION 009 入力規則

任意のエラーメッセージを表示する

入力規則で指定した範囲外のデータを入力しようとすると、Excelからエラーメッセージが表示されます。このとき、なぜエラーなのかをわかりやすく伝えるために、任意のエラーメッセージを設定することができます。

≫ エラーメッセージを設定する

❶ セルG2に範囲外の数値を入力すると、
❷ エラーメッセージが表示されます。
❸ <キャンセル>をクリックします。

❹ 前ページの手順❶～❷を参照して<データの入力規則>ダイアログボックスを表示し、<エラーメッセージ>タブをクリックします。
❺ <スタイル>で表示するアイコンを選択し、
❻ <タイトル>でメッセージのタイトルを入力して、
❼ <エラーメッセージ>で表示したいメッセージを入力し、
❽ <OK>をクリックします。

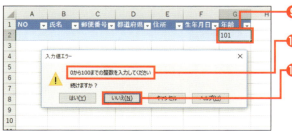

❾ セルG2に範囲外の数値を入力すると、
❿ 先ほど入力したメッセージが表示されます。
⓫ 「いいえ」をクリックして入力を取り消します。

SECTION 010 データ入力

テーブルにデータを追加する

テーブルにデータを追加する場合、Tabキーでセル移動すると便利です。Tabキーで1つ右のセルに移動し、右端のセルでTabキーを押すと自動で1行追加され、先頭のセルに移動します。このとき、書式や計算式も自動でコピーされます。

Tabキーでセルを移動する

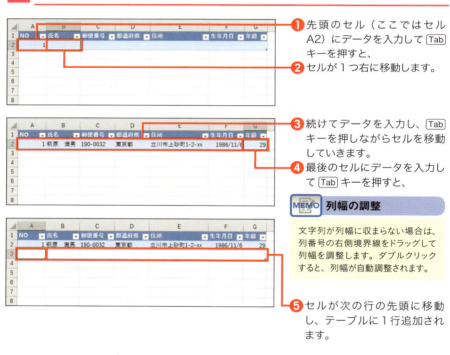

❶ 先頭のセル（ここではセルA2）にデータを入力してTabキーを押すと、

❷ セルが1つ右に移動します。

❸ 続けてデータを入力し、Tabキーを押しながらセルを移動していきます。

❹ 最後のセルにデータを入力してTabキーを押すと、

MEMO 列幅の調整

文字列が列幅に収まらない場合は、列番号の右側境界線をドラッグして列幅を調整します。ダブルクリックすると、列幅が自動調整されます。

❺ セルが次の行の先頭に移動し、テーブルに1行追加されます。

❻ 同様にしてデータを追加します。

MEMO 入力規則のコピー

SECTION 006〜009で設定した入力規則が自動的にコピーされ、効率よく入力できるようになっています。

SECTION 011 データ入力

テーブル名を指定する

テーブルのセル範囲には、「テーブル1」のような名前が自動で付けられます。テーブル名は、計算式などでテーブルのセル範囲を参照するときに使われます。そのため、できるだけわかりやすい名前を付けておくようにしましょう。

≫ わかりやすいテーブル名に変更する

① テーブル内でクリックし、
② <デザイン>タブの<テーブル名>をクリックします。

③ Delete キーでテーブル名を削除し、設定したいテーブル名（ここでは「名簿TB」）を入力します。

COLUMN

名前ボックスからテーブル範囲を選択する

名前ボックスでテーブル名を選択すると、テーブルのデータ範囲を一気に選択できます。データ数が多いテーブルもすばやく選択できるので便利です。

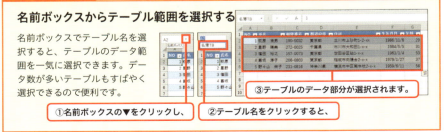

①名前ボックスの▼をクリックし、②テーブル名をクリックすると、③テーブルのデータ部分が選択されます。

SECTION 012 データ入力

行や列の見出しを常に表示する

テーブルを下方向にスクロールした場合、1行目にあるフィールド行（列見出しの行）が列番号の位置に常に表示されますが、右方向のスクロールには対応していません。ウィンドウ枠の固定をすると、指定した行や列を常に表示することができます。

ウィンドウ枠を固定する

❶ スクロールしても常に表示しておきたい行（ここでは1行目）がすぐ上、列（ここではB列）がすぐ左になるセルをクリックし、

❷ ＜表示＞タブの＜ウィンドウ枠の固定＞−＜ウィンドウ枠の固定＞の順にクリックします。

❸ 右にスクロールしても、A列〜B列が常に表示されます。
❹ 下にスクロールしても、1行目が常に表示されます。

ウィンドウ枠の固定を解除する

❶ ＜表示＞タブの＜ウィンドウ枠の固定＞－＜ウィンドウ枠固定の解除＞の順にクリックすると、

❷ ウィンドウ枠の固定が解除されます。

COLUMN

テーブルの列見出しは常に表示される

テーブルでは、ウィンドウ枠の固定をしていなくても列見出しは常に表示されます。テーブル内にアクティブセルがあるときに下方向にスクロールすると、自動的にテーブルの1行目のフィールド名が行番号の位置に表示されます。

第 1 章　基本のデータベースを作成する技

SECTION 013　データ入力

テーブルに行や列を追加する

通常のセル範囲では、行や列を追加するときはワークシート単位で追加されますが、テーブル内では、テーブル範囲内が対象となります。そのため、テーブル以外のセルに入力されているデータに影響はありません。

≫ テーブル内に列を挿入する

❶ 追加したい列内のセルを右クリックし、

❷ <挿入>-<テーブルの列>の順にクリックすると、

MEMO　テーブル内に行を挿入

テーブル内に行を挿入する場合は、追加したい行内で右クリックし、<挿入>-<テーブルの行>の順にクリックします。行が挿入され、既存の行が下にシフトされます。

❸ 列が挿入され、既存の列が右にシフトされます。

❹ 列番号上（ここではA列～G列）をドラッグして列を選択し、

❺ 列番号右側の境界線をダブルクリックして、列幅を文字数に合わせて自動調整します。

SECTION 014 データ入力

テーブルから行や列を削除する

テーブルから行や列を削除するときも、ワークシート単位ではなく、テーブル範囲内を対象にできます。テーブル内の行や列を削除しても、テーブル以外が削除されることはなく、データに影響はありません。

≫ テーブル内の行を削除する

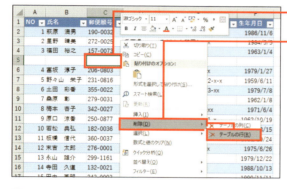

❶ 削除したい行内のセルを右クリックし、

❷ <削除>-<テーブルの行>の順にクリックすると、

❸ テーブル内の行が削除され、下の行が上にシフトされます。

MEMO テーブル内の列を削除

テーブル内の列を削除する場合は、削除したい列内で右クリックし、<削除>-<テーブルの列>の順にクリックします。

COLUMN

テーブルの行や列を追加してテーブル範囲を変更する

テーブルの右下角にマウスポインターを合わせ、下や右にドラッグすると、行や列が追加され、テーブル範囲を変更することができます。また、上や左にドラッグすれば、テーブルの範囲を小さくすることができます。

第1章 基本のデータベースを作成する技

SECTION 015 データ入力
テーブルに計算式を入力する

テーブル内の計算式は、「構造化参照」という方法でテーブル内のセル範囲を参照しています。ここでは、PHONETIC関数の設定を例にして、構造化参照について確認し通常の表とテーブルでのセルの参照方法の違いも併せて理解しましょう。

≫ テーブル内に関数を設定する

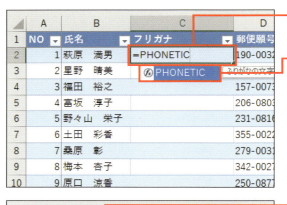

❶ 式を入力するセル（ここではセルC2）をクリックし、半角で「=PHONETIC」と入力します。

❷ 「PHONETIC」が選択されていることを確認し、Tabキーを押します。

MEMO PHONETIC関数
PHONETIC関数は、引数「参照」で指定した文字列のフリガナを表示します。
=PHONETIC（参照）

❸ 「=PHONETIC(」と表示されたら、フリガナを取り出す文字が入力されているセル（ここではセルB2）をクリックすると、

❹ 「[@氏名]」と表示されるので、

❺ Enterキーを押します。

❻ PHONETIC関数が設定され、列全体に関数がコピーされます。

MEMO 入力した数式の意味
C列に設定された数式「=PHONETIC([@氏名])」では、関数の引数に構造化参照「[@氏名]」が使われています。これは、「計算式の行の「氏名」列のセル」を参照しています。

構造化参照を理解する

◆ 通常の表

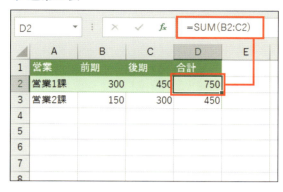

通常の表では、「B2:C2」のようにセルのアドレスを使った参照方式で計算式を設定します。

計算式
= SUM(B2:C2)
意味
セル B2 から C2 の合計を表示する

◆ テーブル

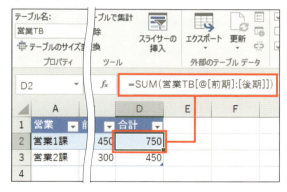

テーブルでは、「営業 TB[@[前期]:[後期]]」のように構造化参照を使った参照方式で計算式を設定します。

計算式
=SUM(営業 TB[@[前期]:[後期]])
意味
「営業 TB」テーブルの数式が入力されている行で、「前期」列から「後期」列の合計を表示する

◆ 構造化参照で使用する指定子

指定子	内容
[# すべて]	テーブル全体
[# 見出し]	フィールド行の部分
[# データ]	データ部分
[# 集計行]	集計行の部分
[@] ／ [# この行]	数式が入力されている同じ行のセル（Excel 2007 のみ [# この行]）
[見出し名]	フィールド名に対応するデータ部分
[@ 見出し名]	[@] と [見出し名] が交差するセル

テーブル内の計算式でセルを参照すると、[@ 氏名]、[前期]、[後期] のように [ ] で囲まれた「指定子」が表示されます。構造化参照では、この指定子を使ってセルやセル範囲を参照します。指定子により、データが追加、削除されてもセル参照が自動調整されるため、計算式を修正する必要がありません。関数などの計算式を入力する際、テーブル内のセルやセル範囲を選択すると、自動的に左のような指定子が表示されます。

SECTION 016 全角文字を半角文字に変換する

データ整形

フィールド内に表記の揺れがある場合は、データを整える必要があります。全角文字で入力されているアルファベット、数字、カタカナを半角文字に変換するには、ASC関数を使います。ここでは、「商品ID」列の値を半角に統一します。

ASC関数で半角文字に変換する

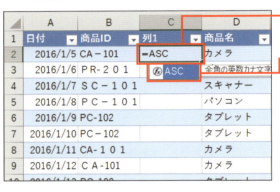

❶ 関数を入力したいセル（ここではセル C2）をクリックし、「=ASC」と半角で入力します。

❷ 「ASC」が選択されていることを確認して Tab キーを押します。

MEMO 作業列を使って変換

表記の揺れを整えるには、左図のように作業列を用意して関数を設定します。詳細はP.036を参照してください。

❸ 「=ASC(」と表示されたら、参照するセル（ここではセル B2）をクリックし、

❹ Enter キーを押すと、

MEMO ASC関数

ASC関数は、指定した文字列にある全角の英数カナを半角の英数カナに変換します。
=ASC（文字列）

❺ 全角文字が半角に変換されます。

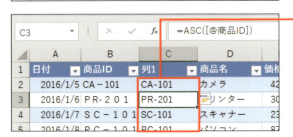

MEMO 入力した関数の意味

ここでは、式が入力されている行（@）と「商品ID」列が交差するセル（[@商品ID]）にある全角英数カナを、半角の英数カナに変換しています。

SECTION 017 データ整形

半角文字を全角文字に変換する

半角文字で入力されているアルファベット、数字、カタカナを全角文字に変換するには、JIS関数を使います。ここでは、半角、全角が混在している「商品名」列の値を全角に変換して、表記の揺れを整えます。

≫ JIS関数で全角文字に変換する

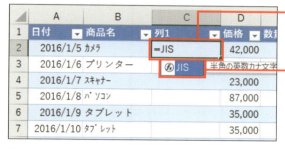

❶ 関数を入力したいセル（ここではセルC2）をクリックし、「=JIS」と半角で入力します。

❷ 「JIS」が選択されていることを確認し、Tabキーを押します。

❸ 「=JIS(」と表示されたら参照するセル（ここではセルB2）をクリックし、

❹ Enterキーを押すと、

MEMO JIS関数

JIS関数は、指定した引数「文字列」にある半角の英数カナを、全角の英数カナに変換します。
=JIS（文字列）

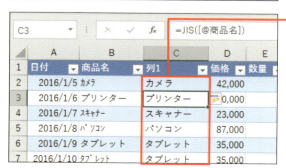

❺ 半角文字が全角に変換されます。

MEMO 入力した関数の意味

ここでは、式が入力されている行（@）と「商品名」列が交差するセル（[@商品名]）にある半角英数カナを、全角の英数カナに変換しています。

SECTION 018 データ整形

計算式で修正した値に置き換える

計算用の作業列に関数を設定し、表記の揺れを整えたら、フィールドの値を整えた値に置き換えます。作業列には計算式が設定されているため、コピーした内容をそのまま貼り付けるのではなく、値のみを貼り付けます。

≫ 作業列の値のみをコピーする

❶ 作業列の列見出し（ここでは「列1」）の上境界線にマウスポインターを合わせ、「↓」の形になったらクリックすると、

❷ テーブル内の列のデータ部分が選択されます。

MEMO キーボードで選択

選択したいセル範囲の先頭のセルをクリックし、Ctrl+Shift+↓キーを押すと、先頭のセルから下方向にデータの切れ目まで一気に選択できます。

COLUMN

テーブルの列、行、全体を選択する

列見出しの上境界線にマウスポインターを合わせ、「↓」の形になったらクリックすると、列のデータ部分が選択されます。再度クリックすると列見出しも含めた列全体が選択されます。行の場合は、左境界線にマウスポインターを合わせて「→」の形になったらクリックすると、行全体が選択されます。テーブルの左上角に合わせて「↘」になったらクリックすると、テーブルのデータ全体が選択されます。再度クリックすると、見出しも含めてテーブル全体が選択されます。

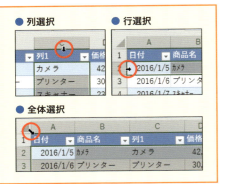

❸ <ホーム>タブの<コピー>をクリックします。

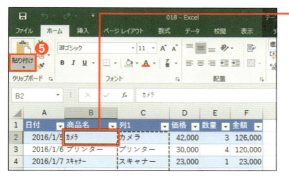

❹ 貼り付け先の先頭セル（ここではB2セル）をクリックし、
❺ <ホーム>タブの<貼り付け>の▼をクリックして、

❻ <値>をクリックすると、

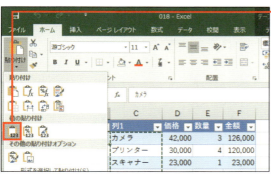

❼ 値が貼り付けられます。
❽ 作業列のセルを右クリックし、
❾ <削除>－<テーブルの列>の順にクリックして、作業列を削除します。

●データ整形

第1章

037

SECTION 019 データ整形

印刷できない文字を削除する

外部データを取り込んだときに、改行やタブなど、印刷できない文字（制御文字）が含まれることがあります。CLEAN関数は、印刷できない文字を削除します。たとえば改行を取り除き、セル内で複数行になっている文字列を1列にすることができます。

印刷できない文字をCLEAN関数で削除する

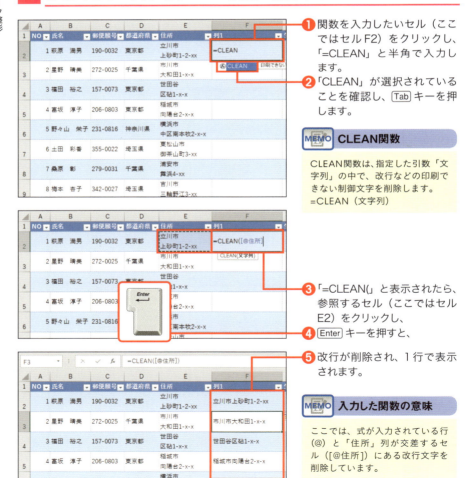

❶ 関数を入力したいセル（ここではセルF2）をクリックし、「=CLEAN」と半角で入力します。

❷ 「CLEAN」が選択されていることを確認し、Tabキーを押します。

MEMO CLEAN関数

CLEAN関数は、指定した引数「文字列」の中で、改行などの印刷できない制御文字を削除します。
=CLEAN（文字列）

❸ 「=CLEAN(」と表示されたら、参照するセル（ここではセルE2）をクリックし、

❹ Enterキーを押すと、

❺ 改行が削除され、1行で表示されます。

MEMO 入力した関数の意味

ここでは、式が入力されている行（@）と「住所」列が交差するセル（[@住所]）にある改行文字を削除しています。

第1章 基本のデータベースを作成する技

SECTION 020 データ整形
余分な空白を削除する

外部データを取り込んだ場合、データに余分な空白が含まれていることがよくあります。そのままにしておくと、データを正しく利用できないことがあるので、できるだけ削除します。TRIM関数を使うと、単語間の1スペースだけを残して、余分な空白をすべて削除します。

≫ 余分な空白をTRIM関数で削除する

❶ 関数を入力したいセル（ここではセルC2）をクリックし、「=TRIM」と半角で入力します。

❷ 「TRIM」が選択されていることを確認し、Tabキーを押します。

❸ 「=TRIM(」と表示されたら、参照するセル（ここではセルB2）をクリックし、

❹ Enterキーを押すと、

MEMO TRIM関数

TRIM関数は、指定した「文字列」の中で、各単語間のスペースを1つ残し、不要なスペースをすべて削除します。
=TRIM（文字列）

❺ 姓と名の間の1つだけ残して、スペースがすべて削除されます。

MEMO 入力した関数の意味

ここでは、式が入力されている行（@）と「氏名」列が交差するセル（[@氏名]）にある単語間のスペースを1つ残して、余分な空白をすべて削除しています。

039

SECTION 021 データ整形

データをまとめて置換する

<検索と置換>ダイアログボックスを使用すると、データベース内で指定した文字列を検索し、別の文字列に置き換えることができます。1つ1つ確認しながら置換することも、一気にまとめて置換することも可能です。

≫ <検索と置換>ダイアログボックスを使用する

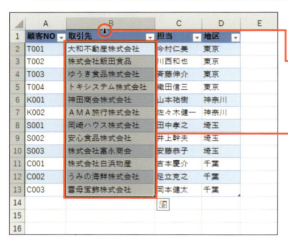

ここでは、「株式会社」を「(株)」に置換します。

❶ 置換するデータのある列見出し（ここでは「取引先」）の上境界線にマウスポインターを合わせ、「⬇」の形になったらクリックすると、

❷ テーブル内の列のデータ部分が選択されます。

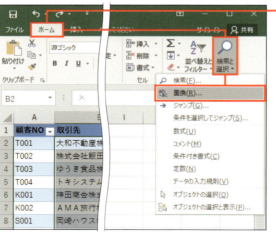

❸ <ホーム>タブの<検索と選択>−<置換>の順にクリックします。

MEMO キーボードで表示

Ctrl + H キーを押すと、<検索と置換>ダイアログボックスの<置換>タブを表示できます。

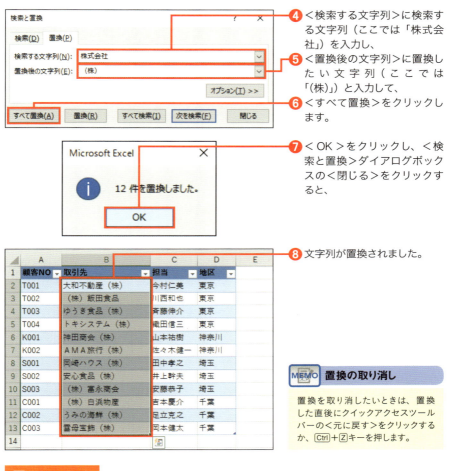

❹ <検索する文字列>に検索する文字列(ここでは「株式会社」)を入力し、

❺ <置換後の文字列>に置換したい文字列(ここでは「(株)」)と入力して、

❻ <すべて置換>をクリックします。

❼ <OK>をクリックし、<検索と置換>ダイアログボックスの<閉じる>をクリックすると、

❽ 文字列が置換されました。

MEMO 置換の取り消し

置換を取り消したいときは、置換した直後にクイックアクセスツールバーの<元に戻す>をクリックするか、Ctrl+Zキーを押します。

COLUMN

置換する前にデータを確認する

<すべて置換>をクリックすると、一気にデータが置換されてしまいます。置換する前にデータを確認したいときは<すべて検索>をクリックします。検索された文字列が一覧で表示されますので、ここで確認してから置換を実行するといいでしょう。

SECTION 022　データ整形

第 1 章　基本のデータベースを作成する技

重複データをまとめて削除する

テーブルの中から重複するデータをまとめて削除するには、「重複の削除」機能を使います。テーブル内のフィールドの組み合わせで同じ値を持つデータを1件残し、他のデータを一気に削除できます。

≫ ＜重複の削除＞で重複データを削除する

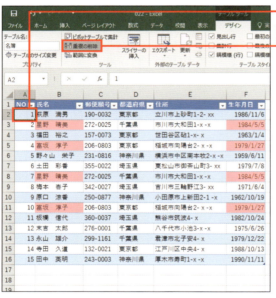

❶ テーブル内をクリックし、
❷ ＜デザイン＞タブの＜重複の削除＞をクリックします。

MEMO　重複データの強調

条件付き書式を使うと、重複データに書式を設定することができます。削除前にデータを確認するのに便利です。ここでは、＜氏名＞列と＜生年月日＞列に条件付き書式を設定しています（詳細は、P.102参照）。

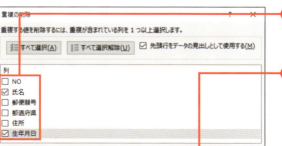

❸ 重複データと見なす列の組み合わせ（ここでは「氏名」と「生年月日」）にチェックを付け、
❹ ＜OK＞をクリックします。

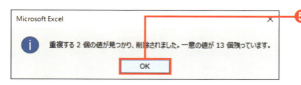

❺ 結果が表示されるので＜OK＞をクリックすると、

❻ 重複データが削除されます。

MEMO 削除の取り消し

削除を取り消したいときは、削除した直後にクイックアクセスツールバーの＜元に戻す＞をクリックするか、Ctrl＋Zキーを押します。

COLUMN

CONCATENATE関数とCOUNTIF関数を使って重複データを調べる

CONCATENATE関数とCOUNTIF関数を使って重複データを調べる方法があります。CONCATENATE関数は、文字列を連結する関数で、COUNTIF関数は、範囲内で検索条件に一致するデータの件数を表示する関数です（P.156参照）。書式は以下の通りです。

=CONCATENATE(文字列1,文字列2[,文字列3,…])
=COUNTIF(範囲,検索条件)

CONCATENATE関数で重複データと見なす列の組み合わせ（ここでは「氏名」と「生年月日」）を1つの文字列にしますⒶ。「生年月日」は日付データなので、CONCATENATE関数で連結すると、日付のシリアル値（P.129参照）で連結されますⒷ。

● 作業列「列1」の式
=CONCATENATE([@氏名],[@生年月日])

COUNTIF関数では、引数「範囲」でセル範囲の始点を絶対参照で固定し、終点を相対参照で指定しますⒸ。ここでは、構造化参照にしたくないので、先頭のセルH2に式を直接入力し、オートフィルで式をコピーします。結果が2以上のデータが重複データということになりますⒹ。

● 作業列「列2」のセルH2の式
=COUNTIF($G$2:G2,G2)

結果が2以上のデータが重複データとなる

SECTION 023 フォーム

第❶章 基本のデータベースを作成する技

フォームを使って入力・表示・編集・検索する

「フォーム」機能を使うと、カード画面を使ってデータベースの入力、編集、検索ができます。標準のリボンからは選択できないので、クイックアクセスツールバーに＜フォーム＞ボタンを追加して利用します。

≫ ボタンを追加して＜フォーム＞画面を表示する

❶ ＜クイックアクセスツールバーのユーザー設定＞をクリックし、
❷ ＜その他のコマンド＞をクリックします。

❸ ＜コマンドの選択＞で「リボンにないコマンド」を選択し、
❹ ＜クイックアクセスツールバーのユーザー設定＞で「(ブック名)に適用」を選択します。
❺ ＜フォーム…＞をクリックし、
❻ ＜追加＞をクリックして、
❼ ＜フォーム…＞が追加されたことを確認し、
❽ ＜OK＞をクリックします。

> **MEMO ブック名を選択した場合**
> 手順❹でブック名を選択すると、そのブックが開いているときだけボタンが表示されます。

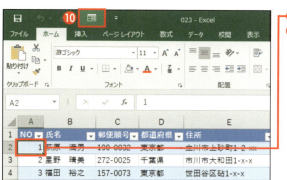

❾ テーブル内でクリックし、
❿ 追加された<フォーム>をクリックすると、
⓫ フォームが開き、1件目のデータがカード画面に表示されます。
⓬ 確認したら、<閉じる>をクリックします。

> **MEMO カーソルの移動方法**
>
> [Tab]キーを押すと、表示されている画面の中でカーソルが移動します。[Enter]キーまたは[↓]キーを押すと、次のレコード、[Shift]+[Enter]キーまたは[↑]キーを押すと前のレコードに移動します。

COLUMN

フォームの画面構成

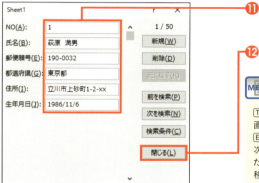

- Ⓐ 1件のレコードが表示
- Ⓑ ▲ で1件前、▼ で1件後、スクロールバー上をクリックすると10件単位でレコード移動
- Ⓒ 新規入力画面を表示
- Ⓓ 表示されているレコードの削除
- Ⓔ 編集した内容を取り消す
- Ⓕ 1件前のレコードに移動
- Ⓖ 1件後のレコードに移動
- Ⓗ 検索条件設定画面を表示
- Ⓘ フォームを閉じる

≫ フォームを使ってデータを入力する

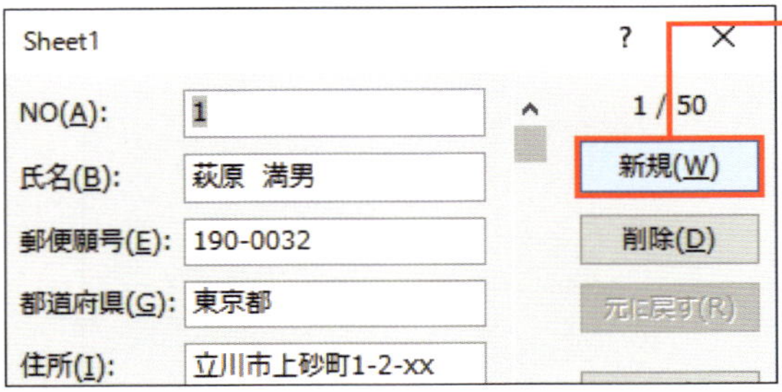

❶ フォームを開き、＜新規＞をクリックすると、

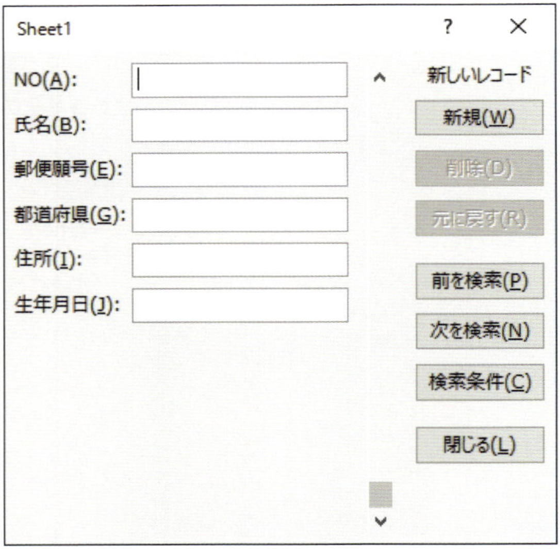

❷ 新規入力画面が表示されます。

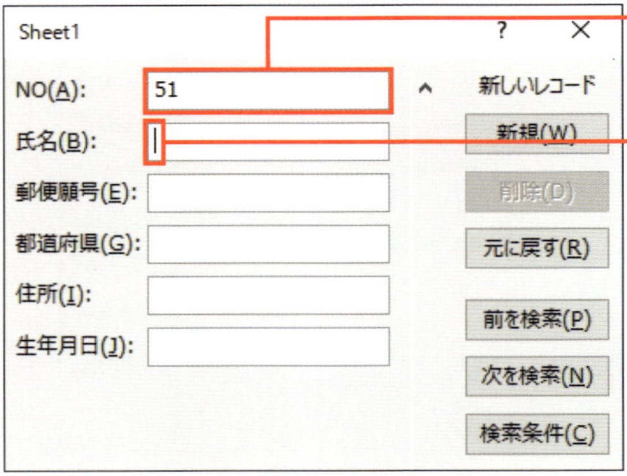

❸ 1つ目の項目に値を入力して Tab キーを押すと、

❹ 次の項目にカーソルが移動します。

> **MEMO 入力規則は使えない**
>
> フォーム内では、テーブルに設定した入力規則は使えません。

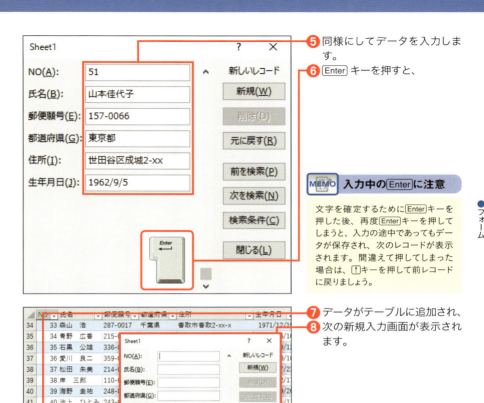

❺ 同様にしてデータを入力します。

❻ Enterキーを押すと、

MEMO 入力中のEnterに注意

文字を確定するためにEnterキーを押した後、再度Enterキーを押してしまうと、入力の途中であってもデータが保存され、次のレコードが表示されます。間違えて押してしまった場合は、↑キーを押して前レコードに戻りましょう。

❼ データがテーブルに追加され、
❽ 次の新規入力画面が表示されます。

MEMO 反映されるタイミング

レコードを新規で追加したり、レコードを修正した内容は、レコードを移動したりフォームを閉じたりしたタイミングでテーブルに反映されます。

📝 COLUMN

列に計算式が設定されている場合

＜フリガナ＞列にフリガナを表示するPHONETIC関数（SECTION 015参照）が設定されている場合など、列に計算式が設定されていると、フォームではその項目はデータが表示されるだけで、変更できないようになっています。

≫ フォームを使ってデータを検索する

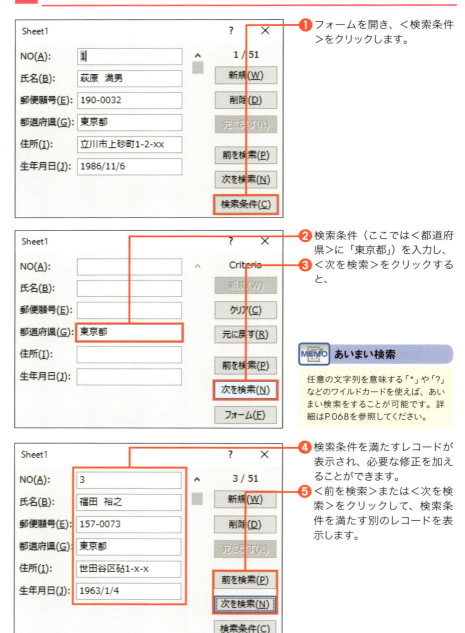

❶ フォームを開き、＜検索条件＞をクリックします。

❷ 検索条件（ここでは＜都道府県＞に「東京都」）を入力し、
❸ ＜次を検索＞をクリックすると、

MEMO あいまい検索

任意の文字列を意味する「*」や「?」などのワイルドカードを使えば、あいまい検索をすることが可能です。詳細はP.068を参照してください。

❹ 検索条件を満たすレコードが表示され、必要な修正を加えることができます。
❺ ＜前を検索＞または＜次を検索＞をクリックして、検索条件を満たす別のレコードを表示します。

≫ 検索条件を解除する

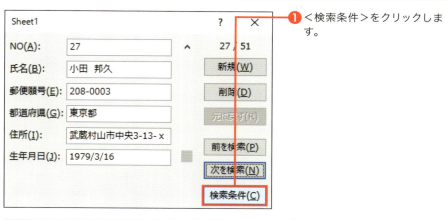

❶ ＜検索条件＞をクリックします。

❷ 検索条件入力画面が表示されたら、＜クリア＞をクリックすると、

❸ 検索条件が削除されます。
❹ ＜フォーム＞をクリックすると、フォーム画面に戻ります。

COLUMN

データ入力・編集に便利な機能を利用する

データベースへのデータ入力は、できるだけ効率的に行いたいものです。ここでは、データの入力やセル移動を効率的に行うために覚えておくと便利なショートカットキーを紹介します（P.314 にもショートカットキー一覧を掲載しています）。

◆ 基本的なショートカットキー

ショートカットキー	機能	ショートカットキー	機能
Ctrl + C	コピー	F4	直前の操作の繰り返し
Ctrl + X	切り取り	Ctrl + Z	元に戻す
Ctrl + V	貼り付け	Ctrl + Y	やり直し

◆ 入力や変換に便利なショートカットキー

ショートカットキー	機能	ショートカットキー	機能
半角／全角	日本語入力の ON/OFF	F8	半角カタカナに変換
F2	セルの内容を編集	F9	全角英数に変換
F6	ひらがなに変換	F10	半角英数に変換
F7	全角カタカナに変換	Alt + ↓	同じ列の値をリスト表示

◆ セル移動・範囲選択に便利なショートカットキー

ショートカットキー	機能	ショートカットキー	機能
Ctrl + ←	表の行頭にセル移動	Ctrl + *	データベース全体選択
Ctrl + →	表の行末にセル移動	Ctrl + A	テーブルの全レコード選択
Ctrl + ↑	表の先頭行にセル移動	Ctrl + Space	列選択
Ctrl + ↓	表の最終行にセル移動	Shift + Space	行選択（入力モードが「英数半角」のとき有効）
Ctrl + Home	セル A1 にセル移動	Shift + →↓←↑	セル範囲の拡大・縮小
Ctrl + End	表の右下角にセル移動		

第 **2** 章

データベースから自在に抽出・集計する技

第 2 章　データベースから自在に抽出・集計する技

SECTION 024 売上金額の多い順に並べ替える

並べ替え

データベースを並べ替えると、データが整理されるため、傾向分析に役立ちます。並べ替えには、昇順（小さい順）と降順（大きい順）があり、目的によって使い分けます。ここでは、売上金額の大きい順に並べ替えましょう。

≫ 売上金額を降順で並べ替える

❶「金額」フィールドの▼をクリックし、

❷ <降順>をクリックすると、

❸ 金額の大きい順に並べ替わります。

MEMO フィルターボタンの形

並べ替え中のフィールドのフィルターボタンは、↓に変更になります。

COLUMN

並べ替えのルール

並べ替えは、文字種ごとに右表の規則に従って並べ替えられます。降順は、昇順の逆に並べ替えられます。空白は、昇順、降順ともに常に一番下に表示されます。50音順での並べ替えについては、SECTION 026を参照してください。

文字種	昇　順
数値	小さい順
日付 / 時刻	古い順
英字	アルファベット順
ひらがな カタカナ	50 音順
漢字	50 音順（Excel でデータ入力した場合）
	シフト JIS コード順（外部から取り込んだデータの場合）

SECTION 025 並べ替え

並べ替えを取り消す

並べ替えを最初の状態に戻すには、並べ替えの直後であれば<元に戻す>ボタンで戻します。何度か並べ替えをした後に最初の状態に戻すためには、あらかじめ連番用のフィールドを用意しておき、それを昇順に並べ替えるとよいでしょう。

≫ 連番を昇順に並べ替える

❶「NO」フィールドの▼をクリックし、

❷<昇順>をクリックすると、

❸ NO の小さい順に並べ替えられ、最初の状態に戻ります。

053

SECTION 026 並べ替え

第2章 データベースから自在に抽出・集計する技

氏名を50音順に並べ替える

氏名を50音順に並べ替えるには、フリガナを使って昇順に並べ替えます。Excelで入力された氏名のデータであれば、入力時の読みも一緒に保持されているため、氏名を昇順に並べ替えるだけでも50音順になります。

フリガナを昇順に並べ替える

① 「フリガナ」フィールドの▼をクリックし、

② <昇順>をクリックすると、

③ 50音順に並び変わります。

MEMO 氏名で並べ替え

「氏名」をExcelで入力している場合は、氏名を基準に昇順に並べ替えても50音順に並べ替えられます。別のアプリからデータを取り込んだ場合は、読みの情報が保持されていないため、シフトJISコード順に並べ替えられます。

COLUMN

氏名のフリガナを修正する

Excelで氏名のデータを入力した場合は、その読みも一緒に保持されています。「フリガナ」フィールドを用意していない場合は、PHONETIC関数を使って読みを取り出しましょう（P.184参照）。ただし、入力したときの読みと実際のフリガナが異なる場合は、フリガナの修正が必要です。

● 氏名の列にフリガナを表示する

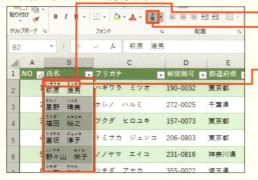

❶ セル範囲を選択し、
❷ <ホーム>タブの<ふりがなの表示／非表示>をクリックすると、
❸ フリガナが表示されます（再度、<ふりがなの表示／非表示>をクリックすると非表示になります）。

● フリガナを修正する

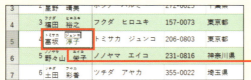

ここではフリガナが表示されている状態で操作していますが、フリガナが非表示でも同じ手順で修正できます。

❶ 修正したいセルをクリックし、[Shift]+[Alt]+[↑]キーを押します。
❷ [←]または[→]キーでカーソルを移動し、[BackSpace]または[Delete]キーを使ってフリガナを削除します。
❸ フリガナを修正します（ここでは「あつこ」と入力）。
❹ [Enter]キーを押すと、自動的にカタカナに変換されます。
❺ もう一度[Enter]キーを押すと、PHONETIC関数が設定されている列のフリガナも修正されます。

SECTION 027 任意の順番で並べ替える

並べ替え

会社の部署名や地区など、いつも業務で使っている項目の順番で並べ替えたい場合は、「ユーザー設定リスト」にその順番を登録し、登録したリストの順番で並べ替えます。ここでは、ユーザー設定リストを使った並べ替えを紹介します。

≫ ユーザー設定リストに登録する

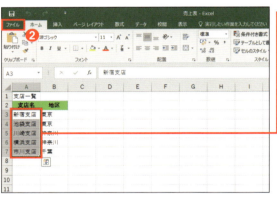

❶ 並び順の元になるセル範囲（ここでは「支店」シートのセル A3 〜 A7）を選択し、
❷ ＜ファイル＞タブをクリックして、

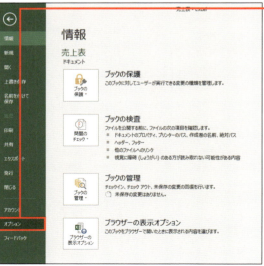

❸ ＜オプション＞をクリックします。

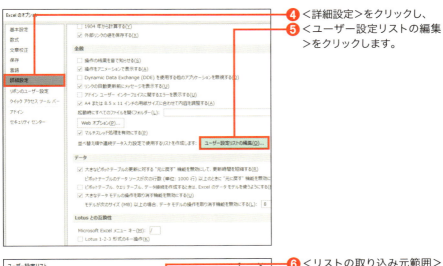

❹ <詳細設定>をクリックし、
❺ <ユーザー設定リストの編集>をクリックします。

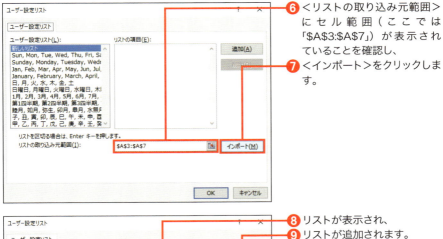

❻ <リストの取り込み元範囲>にセル範囲(ここでは「$A$3:$A$7」)が表示されていることを確認し、
❼ <インポート>をクリックします。

❽ リストが表示され、
❾ リストが追加されます。
❿ <OK>をクリックし、<Excelのオプション>画面でも<OK>をクリックして閉じます。

任意の順番で並べ替える

❶ 並べ替えを行うテーブル（ここでは「売上表」シートの「売上TB」テーブル）を表示し、テーブル内をクリックします。

❷ <データ>タブの<並べ替え>をクリックします。

❸ <列>の▼をクリックして並べ替えるフィールド（ここでは「支店名」）を選択し、

❹ <順序>の▼をクリックして<ユーザー設定リスト>を選択します。

❺ <ユーザー設定リスト>で登録したリストをクリックし、

❻ <OK>をクリックします。

❼ <順序>にリストの内容が表示されるので、
❽ < OK >をクリックすると、

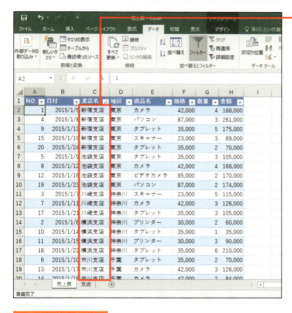

❾ リストに登録した順番に並べ変わります。

●並べ替え

COLUMN

ユーザー設定リストの修正と削除

<ユーザー設定リスト>に追加したリストを修正するには、<ユーザー設定リスト>でリストをクリックして選択し、<リストの項目>に表示された一覧に修正を加えます。削除する場合は、リストを選択したら、<削除>をクリックします。

❶ 修正、削除したいリストをクリックすると、
❷ <リストの項目>に項目の一覧が表示されます。ここで修正します。
❸ 削除する場合は、<削除>をクリックします。

059

SECTION 028 並べ替え

複数のフィールドで優先順位を付けて並べ替える

地区順に並べ替え、さらに同じ地区の中で支店順に並べ替えたいというように、複数のフィールドを基準に並べ替えるときは、<並べ替え>ダイアログボックスで優先順位を付けて並べ替えの設定を行います。

≫ 地区順、支店名順に並べ替える

ここでは、地区を降順で並べ替え、同じ地区の中で支店名を昇順で並べ替えます。

❶ テーブル内をクリックし、
❷ <データ>タブの<並べ替え>をクリックします。

❸ <列>で「地区」を選択し、
❹ <順序>で「降順」を選択して、
❺ <レベルの追加>をクリックします。

❻ <次に優先されるキー>が表示されたら、<列>で「支店名」を選択します。
❼ <順序>が「昇順」であることを確認し、
❽ <OK>をクリックします。

📎 COLUMN

並べ替えの削除と優先順位の変更

<並べ替え>ダイアログボックスで、不要な並べ替えを削除するには、削除したい並べ替えをクリックし、<レベルの削除>をクリックします。また、優先順位を変更したい場合は、優先順位を変更したい並べ替えをクリックし、優先順位を上げるには<▲>、下げるには<▼>をクリックします。

❾地区で降順に並べ替えられ、同じ地区の中で支店名が昇順で並べ替えられます。

色やアイコンで並べ替える

セルや文字の色、アイコンの種類を基準に並べ替えることもできます。セルに条件付き書式が設定されている場合に、同じ色やアイコンをまとめてデータを揃えたいときに便利な操作です。

❶ ＜列＞で色またはアイコンが設定されているフィールドを選択し、
❷ ＜並べ替えのキー＞で色やアイコンを選択します。

❸ ＜順序＞で最優先して並べたい色やアイコンを選択します。

❹ 同様にして並べ替えの色を順番に追加し、
❺ ＜OK＞をクリックします。

SECTION 029 抽出

データを選択して抽出する

オートフィルター機能を使えば、すばやく目的のデータを絞り込んで表示できます。オートフィルター機能を利用するにはフィルターボタンを使います。ここでは、地区が「神奈川」のデータを抽出してみましょう。

≫ オートフィルターでデータを抽出する

❶ データを抽出したい列（ここでは「地区」）の▼をクリックし、
❷ 抽出したいフィールド（ここでは「神奈川」）だけにチェックを付け、
❸ ＜ OK ＞をクリックします。

❹ 指定したレコードだけが表示されます。
❺ 抽出中は行番号が青く表示され、
❻ ステータスバーには抽出件数が表示されます。

COLUMN

抽出中の列のフィルターボタン

抽出中の列のフィルターボタンは、形が に変わります。ボタンの上にマウスポインターを移動すると、抽出条件が表示されます。

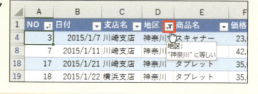

SECTION 030 抽出

データの抽出を解除する

抽出を解除して非表示になっているデータを再表示するには、フィルターを解除します。フィルターを解除するには、フィルターボタンを使って抽出している列の＜フィルターをクリア＞を選択します。

≫ 列ごとに抽出をクリアする

❶ 抽出した列（ここでは「地区」）の ▼ をクリックし、
❷ ＜"地区"からフィルターをクリア＞をクリックすると、

❸ 指定した列の抽出が解除されます。

COLUMN

すべての抽出と並べ替え状態を一気に解除する

＜データ＞タブの＜クリア＞をクリックすると、すべての抽出と並べ替えの状態を解除します。複数のフィールドで並べ替えや抽出をしているときに、一気にすべて解除したいときに使用しましょう。

063

SECTION 031 抽出

複数の条件でデータを抽出する

ここでは、複数の条件を設定してデータを抽出してみましょう。複数の条件には、「AまたはB」のようにいずれか1つを満たせばよいOR条件と、「AかつB」のようにすべての条件を満たす必要があるAND条件があります。

≫ 「新宿支店」または「横浜支店」のデータを抽出する

❶ 抽出する列（ここでは「支店名」）の▼をクリックし、

❷ 抽出したいデータ（ここでは「新宿支店」「横浜支店」）をクリックしてチェックを付け、

❸ ＜OK＞をクリックすると、

MEMO OR条件の指定

オートフィルターで「新宿支店」「横浜支店」を選択すると、「新宿支店または横浜支店」というOR条件になり、どちらかのデータを持つレコードが抽出されます。

❹ 指定した条件のどちらかを満たす行が表示されました。

COLUMN

OR条件とは

「AまたはB」のような、どちらか一方の条件を満たすレコードを抽出するための条件設定をOR条件といいます。

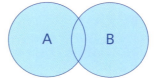

OR条件（A または B）

AとBのどちらか一方を満たしていればいい

≫ 支店名「新宿支店」かつ商品「カメラ」のデータを表示する

❶ 抽出したい1つ目の列（ここでは「支店名」）の▼をクリックし、

❷ 抽出したいデータ（ここでは「新宿支店」）をクリックしてチェックを付け、

❸ ＜OK＞をクリックすると、

❹ 条件を満たす行が表示されます。

❺ 抽出したい2つ目の列（ここでは「商品名」）の▼をクリックし、

❻ 「カメラ」にチェックを付けて、

❼ ＜OK＞をクリックすると、

> **MEMO　AND条件の指定**
>
> オートフィルターでは、＜支店名＞列で＜新宿支店＞、＜商品名＞列で＜カメラ＞を選択すると、「＜新宿支店＞かつ＜カメラ＞」というAND条件になります。

❽ 両方の条件を満たす行が表示されました。

📑 COLUMN

AND条件

「AかつB」のように、両方の条件をともに満たすレコードを抽出するための条件設定をAND条件といいます。

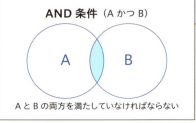

AND条件（AかつB）

AとBの両方を満たしていなければならない

SECTION 032 抽出

指定した文字列を含むデータを抽出する

検索ボックスやテキストフィルターを使用すると、指定した文字列を含むデータを抽出できます。たとえば、商品名に「カメラ」を含むデータを表示すれば、カメラ全般の売上データを確認することができます。

≫ 検索ボックスにキーワードを入力して抽出する

❶ 抽出したい列（ここでは「商品名」）の▼をクリックし、
❷ 検索ボックスにキーワード（ここでは「カメラ」）を入力して、
❸ ＜OK＞をクリックすると、

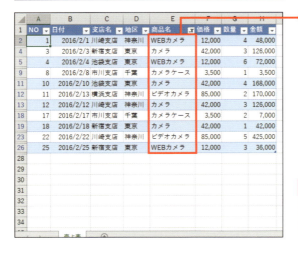

❹ 指定したキーワードを含むレコードが抽出されます。

MEMO フィルターの解除
確認が終わったら、P.063を参照してフィルターを解除します。

≫ テキストフィルターを使って抽出する

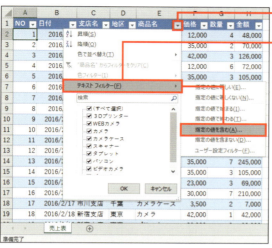

1. 抽出したい列（ここでは「商品名」）の▼をクリックし、
2. ＜テキストフィルター＞→＜指定の値を含む＞の順にクリックします。

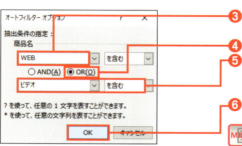

3. 1つ目のキーワード（ここでは「WEB」）を入力し、
4. ＜OR＞をクリックします。
5. 2つ目のキーワード（ここでは「ビデオ」）を入力し、「を含む」を選択して、
6. ＜OK＞をクリックします。

MEMO ORによる抽出

どちらか一方のキーワードを含むレコードを抽出するときは、＜OR＞をクリックします。＜AND＞をクリックすると、両方のキーワードを含むレコードが抽出されます。

7. 指定した複数のキーワードのどちらか一方を満たすレコードが抽出されます。

SECTION 033 抽出

あいまいな条件でデータを抽出する

文字の代用となるワイルドカードという記号を使うと、あいまいな条件でいろいろなデータを抽出できます。ここではワイルドカードを使って、「住所の3文字目が区で始まる」という条件でデータを抽出してみましょう。

ワイルドカードを使ってデータを抽出する

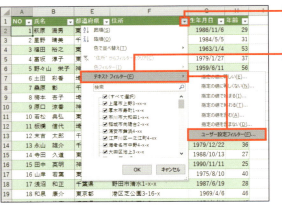

❶ データを抽出したい列（ここでは「住所」）の▼をクリックし、
❷ <テキストフィルター>-<ユーザー設定フィルター>の順にクリックします。

❸ 条件（ここでは「??区*」）を入力し、
❹ 「と等しい」が選択されていることを確認して、
❺ <OK>をクリックします。

MEMO ワイルドカード

ワイルドカードは、任意の文字列を表す記号で、条件式を設定するときに使用します。「?」は任意の1文字を、「*」は0文字以上の任意の文字列を表します。使用するときは、必ず半角で入力します。

❻ 3文字目が「区」の住所が表示されます。

第 2 章　データベースから自在に抽出・集計する技

SECTION 034 抽出

売上金額が指定金額以上の データを抽出する

数値を抽出の条件とする場合は、数値の範囲を指定することも可能です。この場合は、数値フィルターを使って目的の範囲を設定します。ここでは、売上金額が20万円以上のデータを抽出してみましょう。

≫ 指定の値以上のデータを抽出する

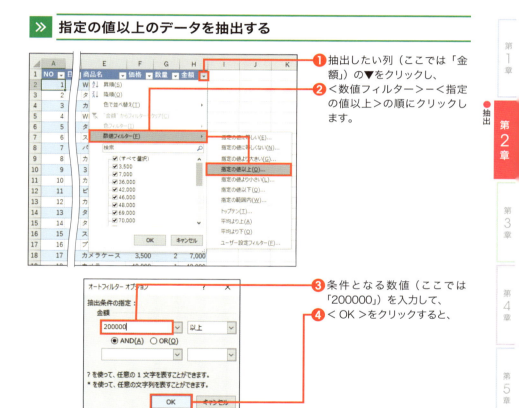

❶ 抽出したい列（ここでは「金額」）の▼をクリックし、
❷ ＜数値フィルター＞ー＜指定の値以上＞の順にクリックします。

❸ 条件となる数値（ここでは「200000」）を入力して、
❹ ＜OK＞をクリックすると、

❺ 指定した数値以上のレコードが表示されます。

069

SECTION 035 抽出

売上金額が指定範囲内の
データを抽出する

売上金額が「10万円以上、20万円以下」など、指定した範囲内のデータを抽出する場合は、同じ列で複数の条件を設定して両方の条件を満たす、つまりAND条件でデータを抽出する必要があります。ここでは、売上金額が20万円台のデータを抽出します。

指定範囲内のデータを抽出する

❶ 抽出したい列（ここでは「金額」）の▼をクリックし、

❷ <数値フィルター>－<指定の範囲内>の順にクリックします。

❸ 抽出する最小値の数値（ここでは「200000」）を入力し、

❹ <AND>をクリックします。

❺ 最大値の数値（ここでは「300000」）を入力して「より小さい」を選択し、

❻ <OK>をクリックすると、

MEMO 「より小さい」

ここでは、20万円台の数値を抽出します。「300,000以下」とすると30万円も含まれてしまうため、「300,000より小さい」として、300,000を含まない条件にしています。

❼ 指定した範囲内のレコードのみ表示されます。

SECTION 036 抽出

売上金額が上位のデータだけを抽出する

売上金額の多い上位10件のデータを表示したいという場合は、「トップテンオートフィルター」を使います。数値を比較して上位や下位から10件表示する、全体の上位20％のデータを表示するといった使い方が可能です。

≫ 売上金額が上位から10項目のデータを表示する

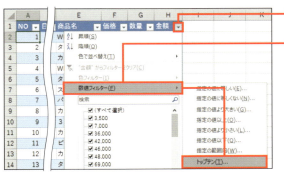

❶ 抽出したい列（ここでは「金額」）の▼をクリックし、
❷ ＜数値フィルター＞－＜トップテン＞の順にクリックします。

❸「上位」「10」「項目」の順に選択して、
❹ ＜OK＞をクリックすると、

MEMO 上位10項目

上位10項目は、数値の大きいほうから数えて10件のデータを取り出します。10件目に同じデータが2件あった場合は、すべて表示するため、10件ではなく、11件が抽出されます。

❺ 売上金額の上位10件のレコードが表示されます。

MEMO トップテンオートフィルター

トップテンオートフィルターは、「上位（大きい順）または下位（小さい順）」「項目（件数）またはパーセント（全体の中の割合）」を指定して、売上金額や個数、順位など表示するレコードの数を指定できます。

SECTION 037 抽出

平均より上のデータだけを抽出する

売上金額が平均売上額より上のデータを抽出したいときも、数値フィルターを使います。数値フィルターを使えば、計算式を入力して平均値を求めなくても、平均値より上や下のレコードをすばやく表示できます。

≫ 売上金額が平均より上のデータを抽出する

❶ 抽出したい列（ここでは「金額」）の▼をクリックし、

❷ ＜数値フィルター＞－＜平均より上＞をクリックすると、

❸ 金額が平均より上のレコードが表示されます。

COLUMN

平均値を確認する

平均値を求めたいセル範囲を選択すれば、ステータスバーに平均値が表示されます。平均値を確認するのに便利です。

SECTION 038 抽出

第 2 章　データベースから自在に抽出・集計する技

セルに色が付いている データだけを抽出する

目印としてセルに色を付けていたり、条件付き書式によってセルに色が付いていたりする場合、セルの色を条件としてデータを抽出することができます。セルに同じ色が付いているデータをまとめて表示してみましょう。

≫ 色フィルターを使って抽出する

❶ 抽出したい列（ここでは「商品名」）の▼をクリックし、

❷ ＜色フィルター＞－＜セルの色でフィルター＞で抽出したい色をクリックすると、

❸ 選択した色が付いたセルのレコードだけが表示されます。

SECTION 039 抽出

今週のデータだけを抽出する

テーブルの日付データを使えば、現在の日付を基準にして「今週」「先月」「去年」のような期間のデータを表示することができます。日付を指定しなくても、パソコンの日付を使用してタイムリーなデータをすばやく表示できます。

≫ 日付フィルターを使って今週のデータを抽出する

❶ 日付が入力されている列の▼をクリックし、

❷ ＜日付フィルター＞－＜今週＞の順にクリックすると、

❸ 今週（ここでは、現在の日付は「2016/2/25」）のデータが表示されます。

📙 COLUMN

今日の日付を表示する

TODAY関数を使うと、パソコンの設定を元に現在の日付を表示できます❶。ブックを開くたびに日付が更新されます。書式は以下の通りです。

＝TODAY()

また、Ctrl＋;キーを押すと今日の日付を入力できます❷。こちらは値として入力されるので、日付は更新されません。

SECTION 040 抽出

ゴールデンウィーク期間の
データを抽出する

「1月1日から3月15日まで」のように、指定した任意の期間のデータを抽出するには、日付フィルターの「オートフィルターオプション」で期間を指定します。ここでは、ゴールデンウィーク期間のデータを抽出してみましょう。

日付フィルターで抽出期間を指定する

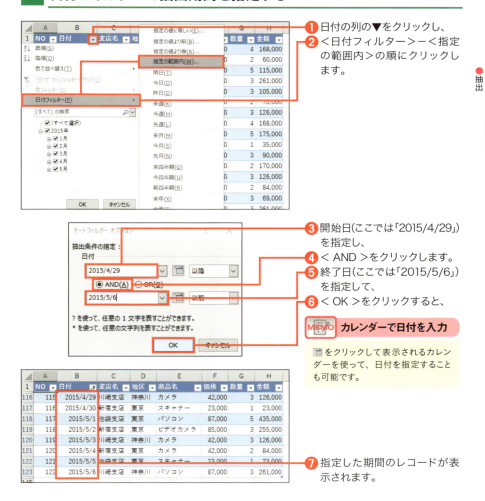

❶ 日付の列の▼をクリックし、
❷ <日付フィルター>-<指定の範囲内>の順にクリックします。

❸ 開始日(ここでは「2015/4/29」)を指定し、
❹ < AND >をクリックします。
❺ 終了日(ここでは「2015/5/6」)を指定して、
❻ < OK >をクリックすると、

MEMO カレンダーで日付を入力

をクリックして表示されるカレンダーを使って、日付を指定することも可能です。

❼ 指定した期間のレコードが表示されます。

SECTION 041 抽出

複雑な条件を組み合わせてデータを抽出する

「フィルターオプション」を利用すると、テーブルの外にある表に条件を設定することができます。これにより、オートフィルターでは指定が難しい複雑な条件を使って抽出することができます。表の作り方、条件式の設定方法がポイントです。

≫ 抽出条件を設定する表を作成する

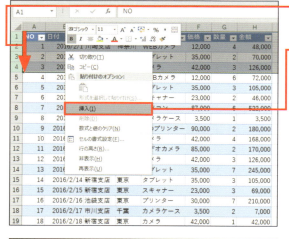

❶ 行番号をドラッグして行を選択（ここでは行番号1〜4）し、

❷ 選択範囲内で右クリックして＜挿入＞をクリックすると、

MEMO 条件用の表の作成場所

抽出する表は折りたたまれるため、表が折りたたまれても影響のない場所に作成します。ここでは、表の上に空白行を挿入し、そこに条件用の表を作成します。

❸ テーブルの上に行が挿入されます。

❹ テーブルの見出し行を含めて数行（ここではセルA5〜H7）をドラッグして選択し、

❺ ＜ホーム＞タブの＜コピー＞をクリックします。

MEMO テーブルをコピー

条件用の表は、抽出元となるテーブルと同じフィールド名を使います。間違いのないようテーブルをコピーして使いましょう。いろいろな条件で検索ができるよう、すべてのフィールドをコピーしています。

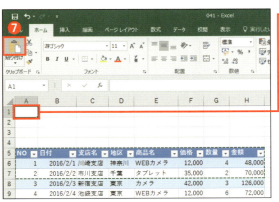

❻ 貼り付け先のセル（ここではセル A1）を選択し、
❼ ＜ホーム＞タブの＜貼り付け＞をクリックすると、

❽ 表がコピーされます。
❾ 2 行目以降のデータ部分（ここではセル A2 〜 H3）を削除します。

COLUMN

条件の表における条件式の入力方法

条件の表は、1行目はテーブルと同じフィールド、2行目以降に抽出条件を設定します。条件の入力方法は、AND条件の場合は同じ行、OR条件の場合は異なる行に設定します。ワイルドカードを使うこともできます（P.068参照）。また、数値や日付を範囲指定する場合は比較演算子を使います（P.138参照）。

● 異なるフィールドの AND 条件
同じ行に条件式を設定します。右表は、地区が東京かつ、金額が10万以上という意味です。

地区	金額
東京	>=100000

● 同じフィールドの AND 条件
フィールド名を2つ用意して、同じ行に条件式を設定します。右表は、金額が10万以上20万未満という意味です。

金額	金額
>=100000	<200000

● OR 条件
異なる行に条件式を設定します。右表は、地区が東京または千葉という意味です。

地区
東京
千葉

● AND 条件と OR 条件の組み合わせ
AND条件とOR条件を組み合わせることもできます。右表は、地区が東京で金額が15万以上、または、地区が千葉で金額が20万円より大きいという意味です。

地区	金額
東京	>=150000
千葉	>200000

条件を設定してデータを抽出する

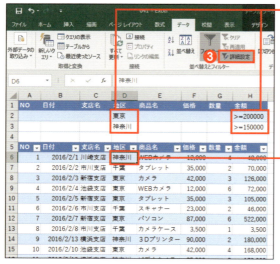

❶ 条件用の表に条件式(ここでは、東京の金額が20万以上、または、神奈川の金額が15万以上)を設定し、
❷ 抽出元のテーブル内をクリックして、
❸ <データ>タブの<詳細設定>をクリックします。

❹ <選択範囲内>が選択されていることを確認し、
❺ テーブルの範囲(ここではセルA5～H34)が設定されていることを確認して、
❻ <検索条件範囲>のボックスをクリックします。

❼ 条件用の表(ここではセルA1～H3)をドラッグして選択し、
❽ 条件用の表のセル範囲が表示されたことを確認して、
❾ < OK >をクリックすると、

MEMO 空白行を入れない

検索条件範囲には、空白行を入れないように指定します。空白行が含まれていると、すべてのレコードが抽出されてしまいます。

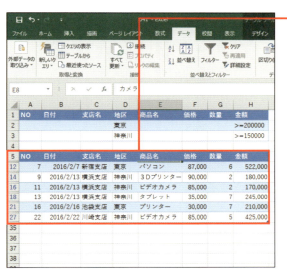

❿ 条件を満たすレコードが表示されます。

MEMO 抽出の解除

<データ>タブの<クリア>をクリックして抽出を解除します。縞模様のスタイルが崩れてしまった場合は、<デザイン>タブの<クイックスタイル>でスタイルを再設定してください（P.020参照）。

MEMO ボタンの再表示

抽出を実行すると、フィルターボタンが非表示になります。<データ>タブの<フィルター>をクリックすると、フィルターボタンが再表示されます（このとき抽出も解除されます）。

COLUMN

文字列を抽出条件とする場合の条件式の設定方法

文字列を抽出条件とする場合、条件式の設定方法には注意が必要です。たとえば、条件のセルに「カメラ」と入力すると、「カメラ」だけでなく「カメラケース」も抽出されてしまいます。つまり、「カメラ」だけだと、「カメラで始まる文字列」と認識されてしまうのです。同じ文字列を含むデータがいくつもある場合は、以下のように条件式を設定し、正確に抽出されるようにしましょう。前方一致、後方一致、部分一致では、「*」（アスタリスク）や「?」（クエスチョン）を使って任意の文字列を指定します（P.068参照）。

種類	内容	記述例	セル表示	抽出例
完全一致	指定した文字列とまったく同じ	="= カメラ "	= カメラ	カメラ
前方一致	先頭が指定した文字列と一致する	="= カメラ *"	= カメラ *	カメラ、カメラケース
後方一致	最後が指定した文字列と一致する	="=* カメラ "	=* カメラ	Web カメラ、カメラ
部分一致	指定した文字列が含まれる	="=* カメラ *"	=* カメラ *	一眼レフカメラレンズ、Web カメラ、デジタルカメラ、カメラ、カメラケース
未入力	データが入力されていない	="="	=	（空のセル）

SECTION 042 抽出

抽出したデータを別のワークシートに表示する

「フィルターオプション」で抽出先を＜指定した範囲＞に設定しておくと、抽出した結果を別の場所に表示することができます。抽出した結果はテーブルのデータには影響を与えないので、独立した表として編集できます。

出力先を指定して抽出を実行する

❶ テーブルのセル範囲全体（ここではセル A5～H34）をドラッグして選択し、
❷ ＜名前ボックス＞に名前（ここでは「売上」）を入力して、
❸ Enterキーを押します。

MEMO セル範囲の名前

別のシートに出力する場合、リスト範囲には、テーブル範囲をセル範囲で指定できません。そのため、テーブルのセル範囲に名前を付け、それを利用します。

❹ 抽出条件（ここでは、日付が2016/2/5から2/15で、支店名が新宿支店）を入力します。

MEMO 期間を指定する条件

「日付がいつからいつまで」のように期間を指定する場合は、同じフィールドでAND条件となります。条件用の表で日付のフィールド名を2つ横に並べて、同じ行に条件式を設定しましょう。

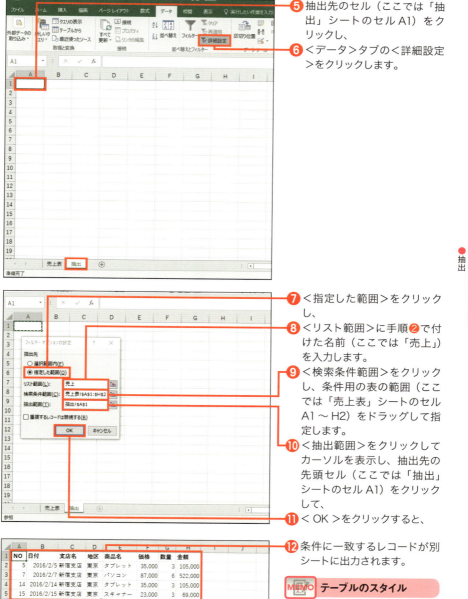

❺ 抽出先のセル（ここでは「抽出」シートのセルA1）をクリックし、

❻ ＜データ＞タブの＜詳細設定＞をクリックします。

❼ ＜指定した範囲＞をクリックし、

❽ ＜リスト範囲＞に手順❷で付けた名前（ここでは「売上」）を入力します。

❾ ＜検索条件範囲＞をクリックし、条件用の表の範囲（ここでは「売上表」シートのセルA1～H2）をドラッグして指定します。

❿ ＜抽出範囲＞をクリックしてカーソルを表示し、抽出先の先頭セル（ここでは「抽出」シートのセルA1）をクリックして、

⓫ ＜OK＞をクリックすると、

⓬ 条件に一致するレコードが別シートに出力されます。

MEMO テーブルのスタイル

抽出先にはデータがコピーされますが、テーブルのスタイルはコピーされません。必要に応じて書式を設定し、見栄えを整えてください。

SECTION 043 スライサーを使ってデータを抽出する

第2章 データベースから自在に抽出・集計する技

抽出

スライサーは、フィールド内のデータをボタンにした画面で、ボタンをクリックするだけで、抽出を実行することができます。何を選んでいるかが一目でわかりやすく、操作も簡単なので、すばやく目的のデータを抽出することが可能です（Excel 2016/2013のみ）。

≫ スライサーを表示する

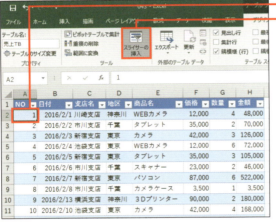

❶ テーブル内でクリックし、
❷ ＜デザイン＞タブの＜スライサーの挿入＞をクリックします。

❸ 抽出したいフィールド（ここでは「支店名」）をクリックしてチェックを付け、
❹ ＜OK＞をクリックします。

❺ 指定したフィールドのスライサーが表示され、

❻ フィールド内のデータが一覧表示されます。

❼ 抽出したいデータのボタン（ここでは「横浜支店」）をクリックすると、

MEMO 移動とサイズ変更

スライサーをクリックして選択し、タイトルバーにマウスポインターを合わせてドラッグすると移動します。スライサーの周囲に表示されるハンドル「○」にマウスポインターを合わせてドラッグするとサイズ調整できます。

❽ 指定したレコードが表示されます。

❾ 別のフィールド（ここでは「新宿支店」）をクリックすると、

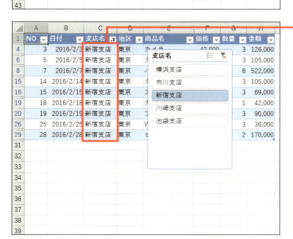

❿ 指定したレコードに切り替わります。

MEMO スライサーの削除

スライサーの何もないところをクリックして選択し、Deleteキーを押します。スライサーを削除しても、抽出は解除されません。

SECTION 044 抽出

スライサーを使って複数の項目でデータを抽出する

スライサーで「複数選択」をクリックすると、複数の項目を選択することが可能になります。たとえば「横浜支店」と「川崎支店」のデータを抽出するといった場合に利用します。スライサーを複数表示すれば、複数のフィールドで抽出ができます（Excel 2016/2013のみ）。

1つのスライサーで複数のデータを抽出する

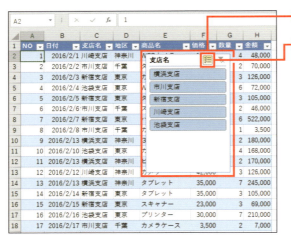

❶ P.082の手順でスライサーを表示し、
❷ ＜複数選択＞をクリックします。

❸ 非表示にしたい値のボタン（ここでは「市川支店」「新宿支店」「池袋支店」）をクリックすると、
❹ ボタンに色が付いた値のレコードだけが表示されます。

MEMO レコードの表示／非表示

ボタンに色が付いた値のレコードは表示され、それ以外は非表示になります。ボタンをクリックするたびに、表示／非表示を切り替えられます。

スライサーを追加して複数のフィールドで抽出する

❶ P.082の手順❶〜❻でスライサー（ここでは「商品名」）を追加し、
❷ ＜複数選択＞をクリックします。

❸ 非表示にしたいデータのボタン（ここでは「3Dプリンター」「WEBカメラ」「タブレット」「プリンター」）をクリックすると、
❹ ボタンに色が付いていないレコードが非表示になります。

> **MEMO** OR条件とAND条件
>
> 同じスライサー内の項目はOR条件となり、いずれか1つ条件を満たすレコードが表示されます。一方、フィールド間はAND条件となるので、両方の条件を満たすレコードが表示されます。

COLUMN

スライサーの見栄えを変える

スライサーが選択されていると、＜スライサーツール＞の＜オプション＞タブが表示されます。ここではスライサーの設定ができます。たとえば、＜スライサースタイル＞でスタイルをクリックすれば、見栄えを変えることができます。

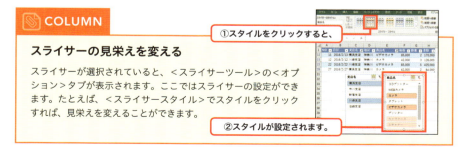

①スタイルをクリックすると、
②スタイルが設定されます。

SECTION 045 抽出

スライサーを使って抽出を解除する

第2章 データベースから自在に抽出・集計する技

スライサーを表示して抽出をしているときは、スライサーを使って抽出画面を解除することができます。複数のスライサーを表示している場合は、それぞれのスライサーで実行している抽出ごとに解除できます。

≫ <フィルターのクリア>をクリックして抽出を解除する

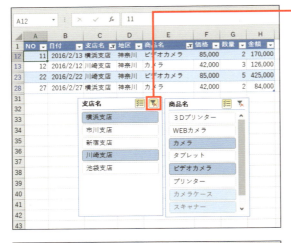

❶ 抽出を解除したいスライサー（ここでは「支店名」）の<フィルターのクリア>をクリックすると、

MEMO スライサーの削除

削除したいスライサーをクリックすると、周りにハンドルが表示されます。この状態でDeleteキーを押すと削除できます。

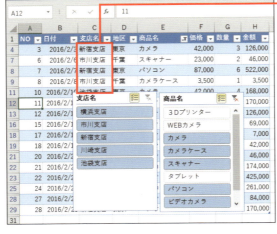

❷ 抽出が解除されます。

MEMO 抽出をまとめて解除

すべての抽出をまとめて解除するには、テーブル内でクリックして、<データ>タブの<クリア>をクリックします（P.063参照）。

SECTION 046 集計

金額合計を表の一番下に求める

テーブルでは、「集計行」機能を使うことで表の一番下に集計行を表示し、テーブルの全データを対象に合計を表示できます。データが抽出されている場合は、抽出されているデータのみの合計が表示されます。

≫ 集計行を表示する

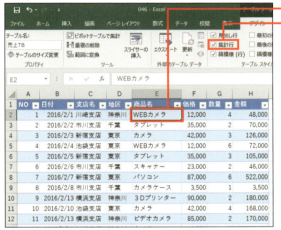

❶ テーブル内でクリックし、
❷ <デザイン>タブの<集計行>をクリックしてチェックを付けると、

MEMO 集計行の削除

テーブル内でクリックし、<デザイン>タブの<集計行>のチェックを外します。

❸ テーブルの一番下に集計行が追加され、売上金額の合計が表示されます。

MEMO 集計行の関数

集計行には、SUBTOTAL関数が設定されています。SUBTOTAL関数は、指定した範囲内の合計、平均、個数などいろいろな計算ができます（P.121参照）。また、表示されているデータを対象に計算結果を表示します（P.120参照）。

SECTION 047 集計

集計行に平均を表示する

集計行には、合計だけでなく、平均、個数、最大、最小など、いろいろな集計値を表示することができます。一覧から集計方法を選択するだけで簡単に求められます。ここでは、平均値を表示してみましょう。

≫ 売上金額の平均値に切り替える

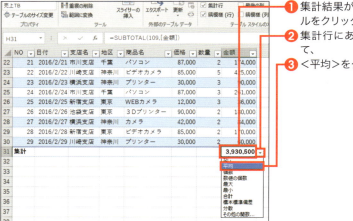

❶ 集計結果が表示されているセルをクリックし、

❷ 集計行にある▼をクリックして、

❸ <平均>をクリックすると、

❹ 金額の平均額が表示されます。

SECTION 048 集計

集計列を変更する

集計行を表示すると、右端の列に集計値が表示されます。別の列に集計を表示したい場合は、手動で変更することが可能です。ここでは、「金額」列の集計を解除し、「数量」列の合計を表示してみましょう。

》「金額」列の集計を解除して「数量」列を集計する

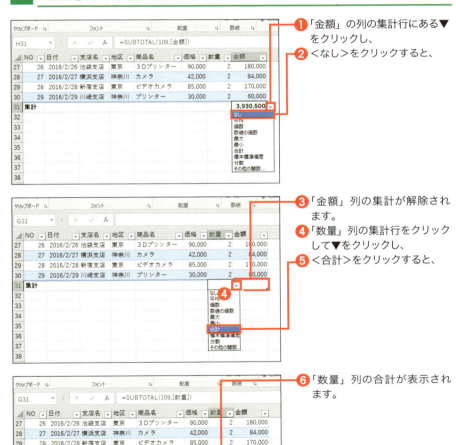

❶ 「金額」の列の集計行にある▼をクリックし、
❷ <なし>をクリックすると、

❸ 「金額」列の集計が解除されます。
❹ 「数量」列の集計行をクリックして▼をクリックし、
❺ <合計>をクリックすると、

❻ 「数量」列の合計が表示されます。

SECTION 049 集計

集計行にデータの件数を表示する

集計行には、集計データの件数を表示することもできます。この機能を使うと、テーブルに何件のデータがあるのか一目で確認できるので便利です。ここでは、「支店名」列の値を使ってデータの件数を表示してみましょう。

集計行にデータの件数を表示する

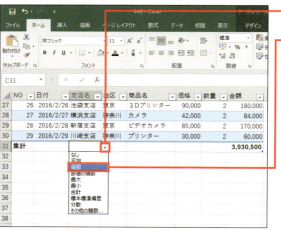

❶「支店名」列の集計行にある▼をクリックし、
❷＜個数＞をクリックすると、

❸ データの件数が表示されます。

> **MEMO 空欄が含まれる場合**
> データに空欄が含まれる列を指定すると、件数が正しく表示されないので注意しましょう。

SECTION 050 集計

集計行を削除する

集計行を削除するには、＜デザイン＞タブの＜テーブルスタイルのオプション＞グループにある＜集計行＞のチェックを外すだけです。セルを削除する必要はありません。必要に応じていつでも表示／非表示を切り替えることができます。

≫ 集計行を非表示にする

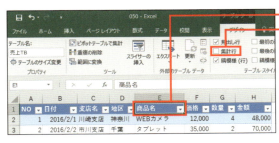

❶ テーブル内をクリックし、
❷ ＜デザイン＞タブの＜集計行＞をクリックしてチェックを外します。

❸ 集計行が削除されます。

COLUMN

縞模様を削除する

＜デザイン＞タブの＜テーブルスタイルのオプション＞グループには、見出し行／集計行、最初の列／最後の列、縞模様など、テーブルに対する設定が用意されており、クリックするだけで表示／非表示を切り替えることができます。テーブルに変換すると自動で表示される行の縞模様を削除するには、＜縞模様（行）＞のチェックを外すだけです。

❶ ＜縞模様（行）＞をクリックしてチェックを外すと、
❷ 縞模様が削除されます。

SECTION 051 集計

第 ❷ 章 データベースから自在に抽出・集計する技

列の値ごとに合計を自動集計する

「統合」機能を使うと、列内の値ごとに自動集計ができます。たとえば、「支店名」列の値を元に支店ごとに自動集計ができます。支店名の種類がわからない場合であっても集計できることが大きなメリットです。

≫ 「統合」機能を使って支店ごとに集計する

❶ 支店ごとの売上金額の集計表を作成するため、見出しを用意します。

MEMO 集計表の列見出し

集計表の列見出しは、集計元となる表（テーブル）と同じでなければならないため、元の表の項目をコピーして使いましょう。

❷ 集計結果を表示するセル範囲（ここではセル J1 〜 K8）を選択し、
❸ <データ>タブの<統合>をクリックします。

MEMO セル範囲は多めに選択

選択したセル範囲に集計結果が表示されます。集計する項目（ここでは「支店名」）の数だけ行数を用意します。項目の数がはっきりしない場合は、範囲を多めに選択しておきます。

❹ <集計の方法>が<合計>であることを確認し、
❺ <統合元範囲>をクリックします。

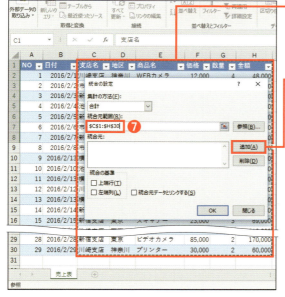

❻ 集計する項目の列（ここでは「支店名」）が左端になるようにセル範囲をドラッグし、
❼ <統合元範囲>にセル範囲が表示されたのを確認して、
❽ <追加>をクリックします。

MEMO 統合元範囲の指定方法

左端を基準にして集計するので、集計項目の列が左端になるように範囲指定します。ここでは支店名ごとの金額を集計するため、セルC1～H30を範囲指定しています。

COLUMN

統合の集計方法の種類

集計方法の種類には、合計以外に、個数、平均などさまざまなものがあります。必要に応じて選択してください。

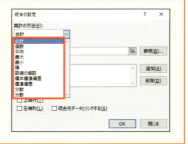

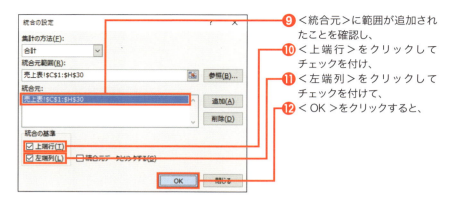

❾ <統合元>に範囲が追加されたことを確認し、
❿ <上端行>をクリックしてチェックを付け、
⓫ <左端列>をクリックしてチェックを付けて、
⓬ < OK >をクリックすると、

⓭ 支店ごとの金額の集計表が作成されます。

MEMO 元の表が変更された場合

ここで作成した集計表の集計結果には、計算式ではなく値が入力されています。そのため、元の表に変更があった場合は、再度統合の操作をします。

COLUMN

統合元の範囲の取り方

統合では、左端列、上端行を統合の基準にしています。統合元範囲の左端の列を「支店名」列にし、項目行を上端行とすることで、左端列で同じ値のデータがまとめられ、上端行にある項目で集計されます。

SECTION 052 テーブル解除

テーブルを解除する

テーブルを解除して通常の表として使用したいときは、テーブルを範囲に変換します。SECTION 053で紹介する「小計」機能のように、テーブルのままだと利用できない機能を実行したいときは、範囲に戻す必要があります。

≫ テーブルを範囲に変換する

❶ テーブル内でクリックし、
❷ <デザイン>タブの<範囲に変換>をクリックします。

MEMO 縞模様の削除

テーブルを範囲に変換した後で、表を並べ替えると、縞模様がきれいに並ばなくなります。表を並べ替える可能性があるときは、縞模様を削除しておきましょう。<デザイン>タブの<縞模様（行）>をクリックしてチェックを外します。

❸ <はい>をクリックすると、

❹ 表が範囲に変換され、フィルターボタンが非表示になります。表に設定された書式は、そのまま残ります。

MEMO 再度テーブルに変換

もう一度テーブルに戻したい場合は、表の中をクリックしてセルを移動し、<挿入>タブの<テーブル>をクリックします。集計行がある場合は、削除してからテーブルに変換するようにしましょう。

SECTION 053 小計

表内に小計行を挿入する

「小計」機能を使用すると、表内に自動的に小計行を挿入できます。この機能はテーブルに対しては使えないため、通常の表に戻してから設定します。また、先に小計を計算する項目で並べ替えておく必要があります。

支店名で並べ替えて小計行を挿入する

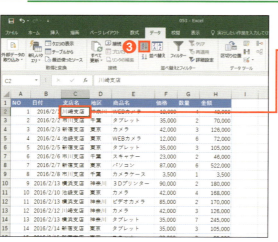

❶ P.095を参考にテーブルを通常の表に変換しておきます。
❷ 表の「支店名」列内でクリックし、
❸ <データ>タブの<昇順>をクリックすると、

MEMO 任意の順番で並べ替え

ここでは、昇順で並べ替えていますが、任意の順番で並べ替えたい場合は、SECTION 027（P.056）を参照してください。

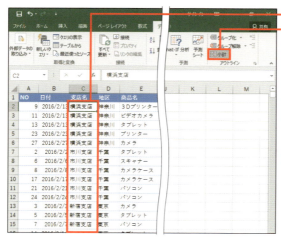

❹ 支店別に並べ替えられます。
❺ <データ>タブの<小計>をクリックし、

MEMO 並べ替えをする理由

小計では、集計項目の値が切り替わるごとに小計行が自動で挿入されます。あらかじめ同じ値をまとめておくために並べ替えを行います。

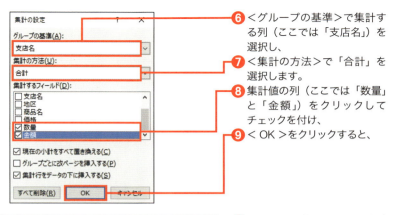

❻ <グループの基準>で集計する列（ここでは「支店名」）を選択し、
❼ <集計の方法>で「合計」を選択します。
❽ 集計値の列（ここでは「数量」と「金額」）をクリックしてチェックを付け、
❾ <OK>をクリックすると、

❿ 項目が切り替わるごとに小計行が挿入され、
⓫ ワークシートの左側にアウトラインが表示されます。

●小計

COLUMN

アウトラインとは

アウトラインとは、ワークシートの折りたたみ機能です。アウトラインを設定すると、行や列を非表示にして合計行や合計列だけを表示できるようになります。「小計」機能を使うと、集計される行にアウトラインが自動で設定されます。手動で設定する場合は、折りたたみたい行や列をドラッグで選択し、[データ] タブの [グループ化] をクリックします。

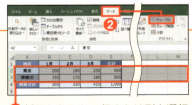

❶ 折りたたみたい行または列を選択し、
❷ [データ] タブの [グループ化] をクリックします。

》 表を折りたたんで表示する

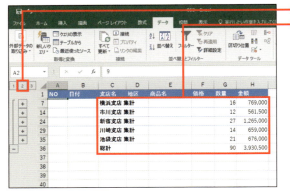

❶ ＜２＞をクリックすると、
❷ データ部分が折りたたまれ、集計行のみが表示されます。

❸ ＜１＞をクリックすると、
❹ 総計のみが表示されます。

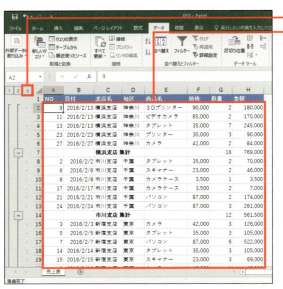

❺ ＜３＞をクリックすると、
❻ 表が展開され、すべてのデータが表示されます。

MEMO 個別に折りたたむ

「－」をクリックすると、項目の小計だけが折りたたまれます。「＋」をクリックすると、表が展開されデータが表示されます。

SECTION 054 小計

小計を解除する

自動で挿入された小計を削除したい場合、ワークシート上で削除の操作をする必要はありません。＜集計の設定＞ダイアログボックスから簡単に解除することができます。小計を解除すると、アウトラインも解除されます。

≫ 小計行を削除する

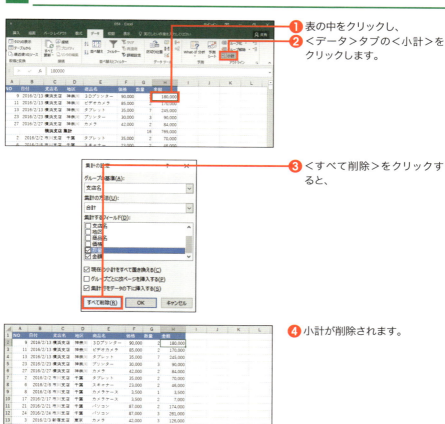

❶ 表の中をクリックし、
❷ ＜データ＞タブの＜小計＞をクリックします。

❸ ＜すべて削除＞をクリックすると、

❹ 小計が削除されます。

SECTION 055 条件付き書式

特定の値のセルに色を付ける

セルの値が「東京都」のデータを探したい場合に、大量のデータの中から特定の文字を探すのは大変です。条件付き書式を使えば、特定の値のセルに対して自動で色を付けることができ、一目で見分けられます。

条件付き書式で「東京都」のセルに色を付ける

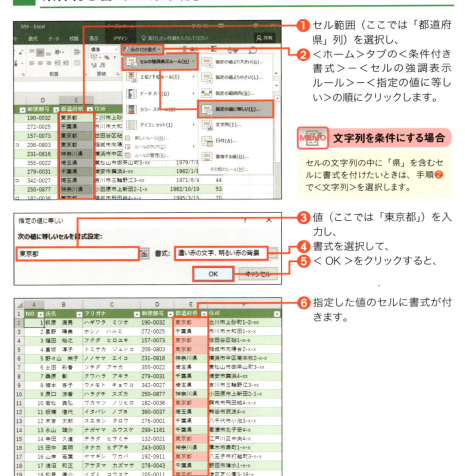

❶ セル範囲(ここでは「都道府県」列)を選択し、
❷ <ホーム>タブの<条件付き書式>-<セルの強調表示ルール>-<指定の値に等しい>の順にクリックします。

MEMO 文字列を条件にする場合
セルの文字列の中に「県」を含むセルに書式を付けたいときは、手順❷で<文字列>を選択します。

❸ 値(ここでは「東京都」)を入力し、
❹ 書式を選択して、
❺ <OK>をクリックすると、
❻ 指定した値のセルに書式が付きます。

SECTION 056 条件付き書式

特定の値ではないセルに色を付ける

セルの値が「東京都」ではないデータを強調したい場合は、条件付き書式の「新しいルール」を使い、指定した値を含まないという条件を設定して書式を指定します。「新しいルール」では、オリジナルの条件付き書式を設定することができます。

≫ 条件付き書式の新しいルールを設定する

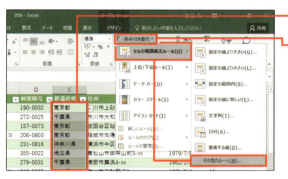

❶ セル範囲（ここでは「都道府県」列）を選択し、
❷ <ホーム>タブの<条件付き書式>－<セルの強調表示ルール>－<その他のルール>の順にクリックします。

❸ 「セルの値」「次の値に等しくない」「東京都」の順に指定し、
❹ <書式>をクリックして、<セルの書式設定>ダイアログボックスで表示したい書式を指定し、
❺ < OK >をクリックすると、

❻ 指定した値以外のセルに書式が付きます。

SECTION 057 条件付き書式

重複する値のセルに色を付ける

データベースに重複するデータがあるかどうかを調べたいとき、条件付き書式を使えば、指定したフィールドで重複しているセルに書式を設定して強調することができます。この機能は、重複データを削除する前に確認したいときに使えます。

≫ 条件付き書式で重複データに色を付ける

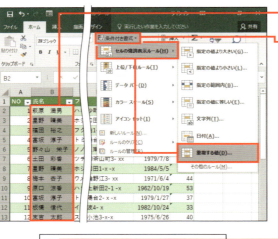

❶ 列(ここでは「氏名」列)を選択し、
❷ <ホーム>タブの<条件付き書式>-<セルの強調表示ルール>-<重複する値>の順にクリックします。

❸ <重複>が選択されていることを確認し、
❹ 書式を選択して、
❺ <OK>をクリックすると、

❻ 指定したセル範囲内で重複している氏名に色が付きます。

重複レコードを確認する

重複するレコードかどうかは、氏名を見るだけではわかりません。氏名と生年月日、住所などの複数のフィールドの組み合わせが重複していれば、同一のレコードだとわかります。それぞれの列に条件付き書式を設定するとわかりづらいので、作業用の列を用意しましょう。文字列を連結するCONCATENATE関数を使い、重複を調べたいフィールドを組み合わせて作業用の列に表示します。その列に対して条件付き書式を設定すれば、すばやく重複レコードを見分けられます。

● 「氏名」「住所」のそれぞれで条件付き書式を設定する

それぞれの列に条件付き書式を設定した場合、列が離れていると比較しづらくなります。

● 作業列でCONCATENATE関数を使い条件付き書式を設定する

氏名と住所を連結した文字列で重複を調べると、比較しやすくなります。

書式：=CONCATENATE(文字列1, 文字列2, 文字列3, …)
式　：=CONCATENATE([@氏名],[@住所])
意味：同じ行の氏名の値と住所の値を連結した文字列を表示する

SECTION 058 条件付き書式
指定した値より大きいセルに色を付ける

金額が10万円より大きいセルに色を付けるといったように、指定した値より大きい数値かどうかを調べるのにも条件付き書式を利用できます。指定した条件に一致するセルに自動で色が付くので、データの傾向を把握するのに便利です。

≫ 10万円より大きいセルに色を付ける

❶ セル範囲（ここでは「金額」列）を選択し、
❷ ＜ホーム＞タブの＜条件付き書式＞－＜セルの強調表示ルール＞－＜指定の値より大きい＞の順にクリックします。

❸ 数値（ここでは「100000」）を入力し、
❹ 書式を選択して、
❺ ＜OK＞をクリックすると、

❻ 指定した値より大きいセルに色が付きました。

SECTION 059 条件付き書式

指定した値以上のセルに色を付ける

年齢が40歳以上のように、指定した値以上のセルに色を付けたい場合は、条件付き書式の「新しいルール」を使って設定します。以上、以下のように、メニューにない条件の設定方法を確認しましょう。

≫ 40歳以上のセルに色を付ける

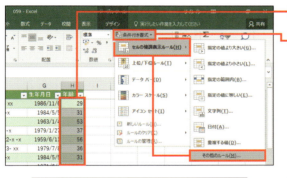

① セル範囲（ここでは「年齢」列）を選択し、
② ＜ホーム＞タブの＜条件付き書式＞－＜セルの強調表示ルール＞－＜その他のルール＞の順にクリックします。

③ 「セルの値」「次の値以上」「40」の順に指定し、
④ ＜書式＞をクリックして、表示される＜セルの書式設定＞ダイアログボックスで書式を指定し、
⑤ ＜OK＞をクリックすると、

⑥ 指定した値以上のセルに書式が付きます。

SECTION 060 条件付き書式

平均値より上のセルに色を付ける

数値が平均値より上のデータを調べたいとき、条件付き書式の「上位／下位ルール」で平均値より上のデータに書式を付けることができます。平均値を求める数式を入力しておく必要はなく、簡単な操作で色を付けられます。

平均年齢より上のセルに色を付ける

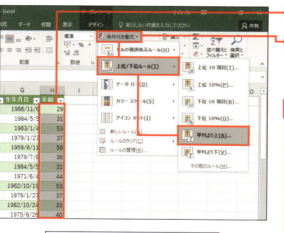

1. セル範囲（ここでは「年齢」列）を選択し、
2. ＜ホーム＞タブの＜条件付き書式＞→＜上位／下位ルール＞→＜平均より上＞の順にクリックします。

MEMO 上位／下位ルール

「上位」は数値の大きいほうから、「下位」は数値の小さいほうから数えます。「10項目」は、10件のセルに書式が設定されますが、10件目が同じ値の場合は、同じ値のすべてのセルに書式設定されます。「10％」は全件数の中で10％分のセルに書式が設定されます。たとえば20件の場合は、10％分で2件のセルに書式が設定されます。

3. 書式を選択し、
4. ＜OK＞をクリックすると、
5. 平均値より上の値のセルに色が付きます。

MEMO 平均値をすばやく確認

平均値を調べたいセル範囲を選択すると、ステータスバーに選択中の数値の平均値が表示されます。

SECTION 061　条件付き書式

数値の大小をデータバーで表示する

Excelでは、数値の大小に応じてセル内にデータバーを表示できます。データバーとは、対象となる数値がどれくらいの大きさかを、セル内で視覚的に表示するための機能です。各データの大きさを横棒グラフのようなイメージで確認できます。

》 金額の大きさをデータバーで表現する

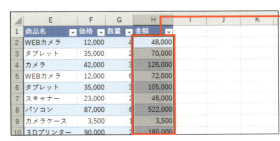

① セル範囲（ここでは「金額」列）を選択し、

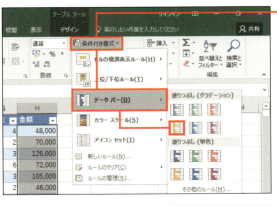

② <ホーム>タブの<条件付き書式>－<データバー>の順にクリックし、データバーの種類（ここでは「オレンジのデータバー」）を選択すると、

③ セル内にデータバーが表示されます。

SECTION 062 条件付き書式

数値の大小を色分けして表示する

数値の大小に合わせてセルを色分けすることができます。指定したセル範囲に、数値の大きさによって色のグラデーションを付けることで、各セルの値の大きさがどのくらいなのかを一目で確認できるようになります。

金額によってセルを色分けする

❶ セル範囲（ここでは「金額」列）を選択し、

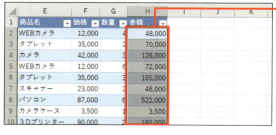

❷ <ホーム>タブの<条件付き書式>-<カラースケール>の順にクリックし、カラースケールの種類（ここでは「赤、白、緑」）を選択すると、

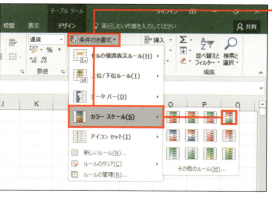

❸ 数値の大きいものから小さいものに向かって、赤→白→緑と色が変化します。

SECTION 063 条件付き書式

数値の大小をアイコンで表示する

数値の大きさを表すアイコンをセルに表示すると、数値の大きさが直感的にわかります。条件付き書式のアイコンセットには、矢印、丸、四角などさまざまな図形や色の組み合わせのアイコンがセットになっており、選択するだけで手軽に利用できます。

≫ 金額の大きさに応じたアイコンを表示する

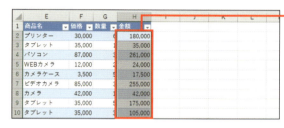

❶ セル範囲（ここでは「金額」列）を選択し、

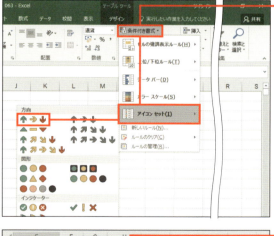

❷ <ホーム>タブの<条件付き書式>-<アイコンセット>の順にクリックし、アイコンセット（ここでは「3つの図形」）を選択すると、

❸ 「金額」列の各セルの値に応じてアイコンが表示されます。

SECTION 064 条件付き書式

特定の文字列で終わるセルに色を付ける

特定の文字列に完全一致するのではなく、部分一致するデータを対象にしたいときは、新しい書式ルールで条件付き書式を設定します。ここでは、「カメラ」で終わる商品のセルに色を付けてみましょう。

≫ 「カメラ」で終わる商品のセルに色を付ける

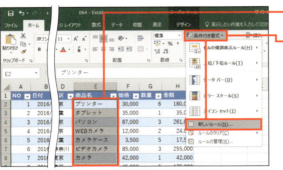

❶ セル範囲（ここでは「商品名」列）を選択し、
❷ ＜ホーム＞タブの＜条件付き書式＞－＜新しいルール＞の順にクリックします。

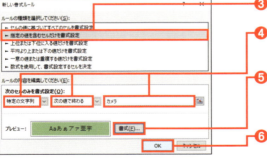

❸ ＜指定の値を含むセルだけを書式設定＞をクリックし、
❹ 「特定の文字列」「次の値で終わる」「カメラ」の順に指定します。
❺ ＜書式＞をクリックして表示される＜セルの書式設定＞ダイアログボックスで書式を指定し、
❻ ＜OK＞をクリックすると、

❼ 条件を満たすセルに色が付きます。

SECTION 065 条件付き書式

セルの値が条件を満たすとき行全体に色を付ける

金額の値が15万以上のとき、該当するセルだけでなく、行全体に色を付けたい場合もあるでしょう。セルの値が条件を満たしたときに、行全体に書式を設定したい場合は、数式を使用した条件付き書式を設定します。

» 金額が15万円以上なら行全体に色を付ける

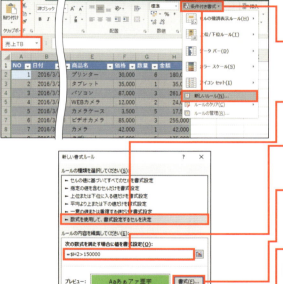

❶ 名前ボックスでテーブル名（ここでは「売上TB」）を選択してテーブルのデータ部分を選択し、

❷ ＜ホーム＞タブの＜条件付き書式＞ー＜新しいルール＞の順にクリックします。

❸ ＜数式を使用して、書式設定するセルを決定＞をクリックし、

❹ 数式欄に「=$H2>=150000」（セルH2の値が150000以上）と入力します。

❺ ＜書式＞をクリックして表示される＜セルの書式設定＞ダイアログボックスで書式を指定し、

❻ ＜OK＞をクリックすると、

MEMO 数式を使った条件式

数式を使った条件式を設定する場合は、「=」から条件式を入力します。この例は、「金額」列（H列）の値が15万以上という条件です。参照するセルが常に「金額」列になるよう、H列を絶対参照にしています。テーブル内であっても構造化参照は使わず、通常のセル参照で条件式を設定します。

❼ 設定した条件を満たす場合、行全体に色が付きます。

SECTION 066 条件付き書式
土日の行に色を付ける

日付の列があるテーブルで、土曜日の行と日曜日の行にそれぞれ色を付けて表示したい場合は、複数の条件付き書式を設定します。行全体に色を付けるため、SECTION 065と同様に数式を使って条件付き書式を設定します。

≫ 売上表の土日の行に色を付ける

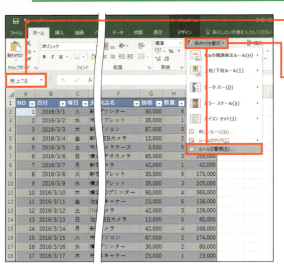

❶ 名前ボックスでテーブル名（ここでは「売上TB」）を選択してテーブルのデータ部分を選択し、

❷ ＜ホーム＞タブの＜条件付き書式＞－＜ルールの管理＞の順にクリックします。

📎 COLUMN

「曜日」列の追加と関数の設定

曜日を区別するために、ここでは「曜日」列を追加しています。「曜日」列には、TEXT関数を使って「日付」列の値を曜日で表示しています。

書式：=TEXT（値, 表示形式）
例　：=TEXT([@日付],"aaa")
意味：式を設定している行の日付列のセル（[@日付]）の値を「"aaa"」の表示形式で表示する。

曜日を表示する表示形式は右表の通りです。

表示形式	表示例
"aaa"	土
"aaaa"	土曜日
"ddd"	Sat
"dddd"	Saturday

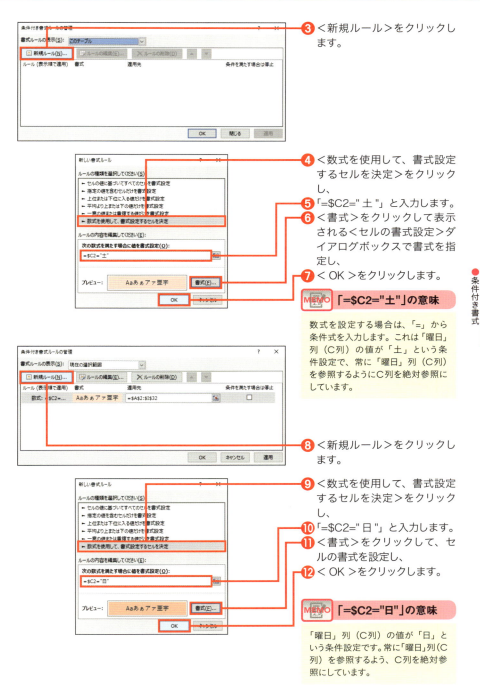

⓭ 2つの条件が設定されていることを確認し、
⓮ <OK>をクリックすると、

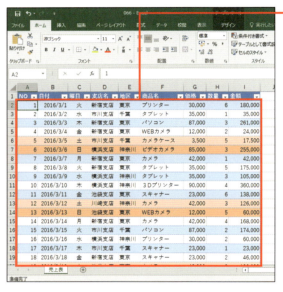

⓯ 土曜日と日曜日の行に色が付きました。

📘 COLUMN

条件付き書式が設定されているセルを選択する

条件付き書式は、セルの値が条件に一致する場合だけ設定されますが、どのセル範囲に条件付き書式が設定されているかわかりづらいです。条件付き書式が設定されているセルを確認するには、<ホーム>タブの<検索と選択>で<条件付き書式>を選択します。

❶ <ホーム>タブの<検索と選択>-<条件付き書式>の順にクリックすると、
❷ 条件付き書式が設定されているセル範囲が選択されます。

第 2 章 データベースから自在に抽出・集計する技

SECTION 067 条件付き書式

条件付き書式を解除する

条件付き書式を間違えたり、不要になったりしたときは、条件付き書式を解除します。部分的に解除することも、まとめて解除することもできます。ここでは、テーブル内のすべての条件付き書式を解除してみましょう。

≫ 条件付き書式を解除する

① テーブル内でクリックし、
② ＜ホーム＞タブの＜条件付き書式＞－＜ルールのクリア＞－＜このテーブルからルールをクリア＞の順にクリックします。

MEMO ルールのクリア

ルールのクリアでは、指定したセル範囲内にあるすべての条件付き書式を解除します。セル範囲に複数の条件付き書式を設定している場合、削除する条件付き書式を指定したいときは、SECTION 068のMEMOを参照して削除してください。

③ 条件付き書式が解除されました。

115

SECTION 068 条件付き書式

条件付き書式を編集する

設定した条件付き書式の色を変更する、条件を変更するといった場合や、複数設定した条件付き書式のうちいずれかのみ削除したいという場合は、＜条件付き書式ルールの管理＞ダイアログボックスを使います。

▶▶ 条件付き書式の設定内容を変更する

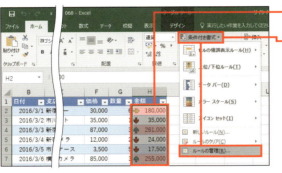

1. 条件付き書式が設定されたセル範囲を選択し、
2. ＜ホーム＞タブの＜条件付き書式＞－＜ルールの管理＞の順にクリックします。

3. 変更したいルールをクリックして選択し、
4. ＜ルールの編集＞をクリックします。

MEMO 条件付き書式の削除

削除したいルール（条件付き書式）を選択し、＜ルールの削除＞をクリックします。

5. ここで条件や書式を変更します。
6. ここでは書式を変更しますので、＜書式＞をクリックし、表示される＜セルの書式設定＞ダイアログボックスで書式を変更します。

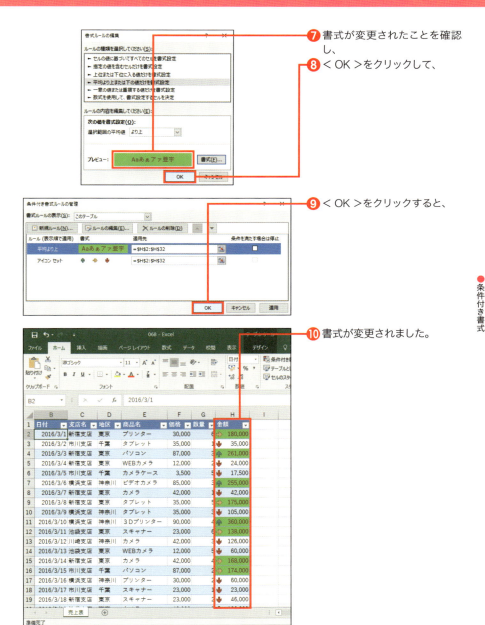

COLUMN

クイック分析ツールを活用する
（Excel 2016/2013のみ）

セル範囲を選択すると、選択範囲の隅にクイック分析のアイコン（📊）が表示されます。アイコンをクリックすると、設定可能な機能が一覧で表示されます。メニューの上にマウスポインターを移動すると、設定したときのイメージが表示され、クリックすると実際に機能が実行されます。

◆ ＜書式＞タブ

選択しているセル範囲に対して設定できる条件付き書式が表示されます。選択範囲のセルの内容によって、適切なメニューが表示されます。

◆ ＜グラフ＞タブ

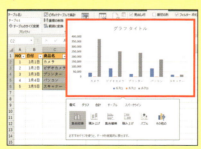

選択範囲に対する設定可能なグラフが選択できます。

◆ ＜合計＞タブ

集計行が追加され、計算結果が表示されます。

◆ ＜テーブル＞タブ

選択範囲からテーブルが作成できます。

◆ ＜スパークライン＞タブ

選択範囲のデータを使い、1つのセルに収まる簡易グラフを表示できます。

第 **3** 章

関数を活用して
データを抽出・集計する技

第 3 章　関数を活用してデータを抽出・集計する技

SECTION 069 合計
非表示のデータを除いて合計する

SUBTOTAL関数は、非表示のデータを除いた合計を計算するため、オートフィルターで表示されているデータだけを対象にした合計を求めることができます。ここではSUBTOTAL関数について理解を深めましょう。

≫ SUBTOTAL関数で表示されているデータを合計する

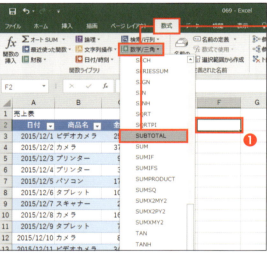

❶ 結果を表示するセル（ここではセルF2）をクリックし、
❷ ＜数式＞タブの＜数学／三角＞－＜SUBTOTAL＞の順にクリックします。

MEMO　SUBTOTAL関数

「集計方法」で指定した集計方法で、「参照1」のセルの値を集計します。「集計方法」では、1～11または101～111の数値で指定します。101～111を使うと、行が非表示の値を含めずに集計します。
=SUBTOTAL(集計方法,参照1[,参照2,…])

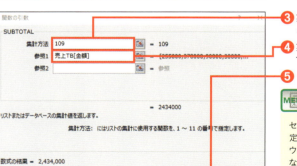

❸ 集計方法（ここでは「109」）を入力し、
❹ 集計する列（ここでは「売上TB[金額]」）を選択して、
❺ ＜OK＞をクリックすると、

MEMO　列を指定する方法

セル範囲をドラッグする以外に、指定したい列の列見出しの上境界にマウスポインターを合わせ、「↓」になったらクリックします（P.036参照）。または、構造化参照で「テーブル名[フィールド名]」の形式で直接入力します。

120

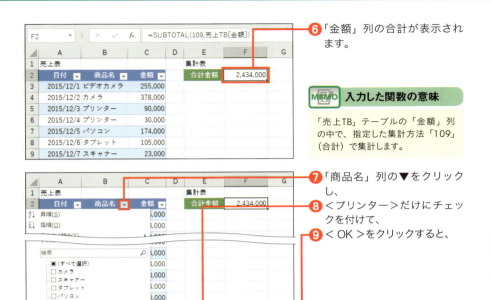

❻「金額」列の合計が表示されます。

MEMO 入力した関数の意味

「売上TB」テーブルの「金額」列の中で、指定した集計方法「109」(合計)で集計します。

❼「商品名」列の▼をクリックし、
❽＜プリンター＞だけにチェックを付けて、
❾＜OK＞をクリックすると、

❿抽出されたデータで合計が表示されます。

COLUMN

「集計方法」の設定値

集計方法は下表のように設定します。

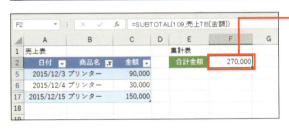

集計方法	値		対応する関数
平均値	1	101	AVERAGE
数値の個数	2	102	COUNT
空白以外のデータの件数	3	103	COUNTA
最大値	4	104	MAX
最小値	5	105	MIN
積	6	106	PRODUCT

集計方法	値		対応する関数
不偏標準偏差	7	107	STDEV
標本標準偏差	8	108	STDEVP
合計	9	109	SUM
不偏分散	10	110	VAR
標本分散	11	111	VARP

SECTION 070 合計

売上の累計を求める

売上表では、月の初めから日々の累計金額が必要となることがあります。累計は、合計を求めるSUM関数を使って求めます。絶対参照と相対参照を組み合わせてセル範囲を指定するのが、ここでのポイントになります。

≫ 絶対参照と相対参照を組み合わせる

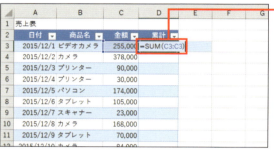

❶「累計」列の先頭のセルに「=SUM(C3:C3)」と入力します。

MEMO ここで設定するセル参照

「金額」列の累計をSUM関数で求めるとき、クリックやドラッグでセルを参照すると、構造化参照になってしまいます。ここではセル参照で指定したいので直接入力します。

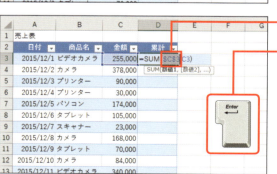

❷ 前の「C3」をクリックしてカーソルを表示し、
❸ F4 キーを押します。

MEMO 絶対参照にする方法

セル範囲入力中にF4キーを押すと、列番号と行番号の前に「$」が付き、絶対参照になります(P.123参照)。「$」を直接入力することもできます。

❹「$C$3」になったことを確認し、
❺ Enter キーを押すと、

MEMO SUM関数

「数値」で指定したセルやセル範囲にある数値を合計します。「数値」には、数値やセル、セル範囲、配列、数式を指定でき、空白、論理値、文字列は無視されます。
=SUM(数値1[,数値2,数値3,…])

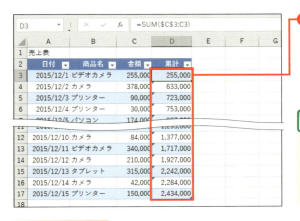

❻ 式が列全体にコピーされ、累計が表示されます。

MEMO 入力した関数の意味

SUM関数の始点を絶対参照、終点を相対参照にすることで、始点を固定して合計するセル範囲を1行ずつ増やすことができるため、累計が求められます。

COLUMN

相対参照と絶対参照

セルの参照方法には、「相対参照」と「絶対参照」があります。式をコピーしたとき、コピー先のセルに合わせて行や列の参照が自動で調整される方法を相対参照といいます。一方、式をコピーしても行や列の参照を固定する方法を絶対参照といいます。相対参照は「A2」のように記述し、絶対参照は「$A$2」のように固定したい列番号や行番号の前に「$」を付けます。絶対参照にするには、セル参照内をクリックしてカーソルを表示し、F4キーを押します。F4キーを押すごとに参照方法が切り替わります。「A$2」や「$A2」のように、行のみ絶対参照、列のみ絶対参照にする方法を「複合参照」といいます。

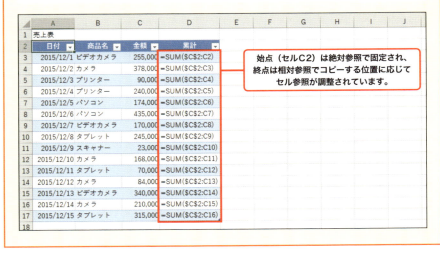

始点（セルC2）は絶対参照で固定され、終点は相対参照でコピーする位置に応じてセル参照が調整されています。

SECTION 071 合計

第3章 関数を活用してデータを抽出・集計する技

商品ごとに合計する

テーブルのデータを元に、商品ごとの合計を求める集計表を作るには、SUMIF関数を使います。SUMIF関数は、条件に一致するデータを合計する関数で、集計するときに使います。ここでは、＜関数の挿入＞の使い方も併せて確認しましょう。

≫ SUMIF関数で商品ごとに集計する

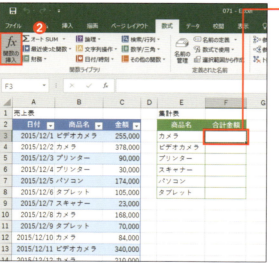

❶ 集計結果を表示したいセル（ここではセルF3）をクリックし、
❷ ＜数式＞タブ－＜関数の挿入＞をクリックします。

MEMO 関数の挿入

＜関数の挿入＞は、指定した関数を検索します。検索された関数名をクリックして＜OK＞をクリックすれば、その関数の引数の設定画面が表示されます。関数の分類がわからないときや、引数の設定方法がわからないときに利用すると便利です。

MEMO SUMIF関数

「範囲」で指定したセル範囲から、「検索条件」に一致する値を検索し、一致した行の「合計範囲」の値を合計します。「合計範囲」を省略した場合は、「範囲」が合計対象となります。
=SUMIF(範囲, 検索条件[, 合計範囲])

❸ 「SUMIF」と入力し、
❹ ＜検索開始＞をクリックします。
❺ 表示された関数一覧から＜SUMIF＞をクリックし、
❻ ＜OK＞をクリックします。

124

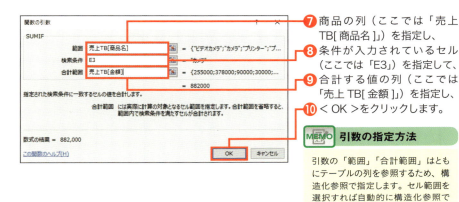

❼ 商品の列（ここでは「売上TB[商品名]」）を指定し、
❽ 条件が入力されているセル（ここでは「E3」）を指定して、
❾ 合計する値の列（ここでは「売上TB[金額]」）を指定し、
❿ ＜OK＞をクリックします。

MEMO 引数の指定方法

引数の「範囲」「合計範囲」はともにテーブルの列を参照するため、構造化参照で指定します。セル範囲を選択すれば自動的に構造化参照で表示されますが、直接入力することもできます。

⓫ 合計金額が表示されます。
⓬ セルF3の右下のフィルハンドルを下にドラッグすると、

⓭ それぞれの商品の売上合計が表示されます。

MEMO 入力した関数の意味

「売上TB」テーブルの「商品名」列の中で、セルE3の値（カメラ）を検索し、一致した行の「金額」列の値を合計します。

=SUMIF(売上TB[商品名],E3,売上TB[金額])

第 ③ 章　関数を活用してデータを抽出・集計する技

SECTION 072　合計

今日の売上を合計する

売上表の中から、今日の日付の売上合計を求めるには、SUMIF関数と今日の日付を求めるTODAY関数を組み合わせます。TODAY関数を使えば、いつでも今日の日付の集計結果を表示できます。ここでは、<関数ライブラリ>から関数を入力する手順を確認しましょう。

≫ SUMIF関数とTODAY関数で集計する

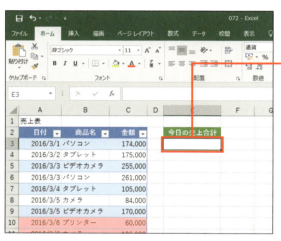

ここでは、今日の日付を2016/3/6としています。

❶ 結果を表示するセル（ここではセル E3）をクリックし、

MEMO　今日の行に色を付ける

ここでは、テーブルに今日の行に色を付ける条件付き書式を設定しています。設定方法は、次ページのCOLUMNを参照してください。

❷ <数式>タブの<数学／三角>ー< SUMIF >の順にクリックします。

MEMO　SUMIF関数

「範囲」で指定したセル範囲から、「検索条件」に一致する値を検索し、一致した行の「合計範囲」の値を合計します。「合計範囲」を省略した場合は、「範囲」が合計対象となります。
=SUMIF(範囲, 検索条件[, 合計範囲])

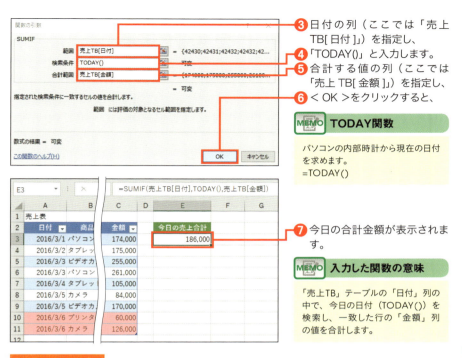

❸ 日付の列（ここでは「売上TB[日付]」）を指定し、
❹ 「TODAY()」と入力します。
❺ 合計する値の列（ここでは「売上 TB[金額]」）を指定し、
❻ < OK >をクリックすると、

MEMO TODAY関数

パソコンの内部時計から現在の日付を求めます。
=TODAY()

❼ 今日の合計金額が表示されます。

MEMO 入力した関数の意味

「売上TB」テーブルの「日付」列の中で、今日の日付（TODAY()）を検索し、一致した行の「金額」列の値を合計します。

COLUMN

今日の日付の行に色を付ける条件付き書式の設定方法

今日の日付の行に色を付ける条件付き書式を設定するには、数式を使って条件を指定します。

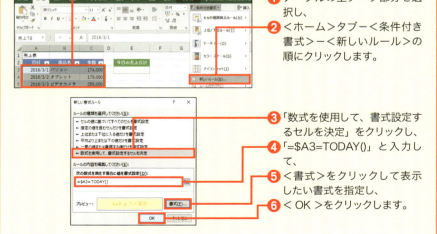

❶ テーブルの全データ部分を選択し、
❷ <ホーム>タブ−<条件付き書式>−<新しいルール>の順にクリックします。
❸ 「数式を使用して、書式設定するセルを決定」をクリックし、
❹ 「=$A3=TODAY()」と入力して、
❺ <書式>をクリックして表示したい書式を指定し、
❻ < OK >をクリックします。

127

第 3 章　関数を活用してデータを抽出・集計する技

SECTION 073 合計
月別の売上を合計する

売上表から月ごとの売上集計表を作成したいときには、日付から月を取り出すための作業列を用意し、作業列に表示した月を使って集計します。ここでは、月を求めるのにMONTH関数を使い、SUMIF関数で集計しています。

≫ MONTH関数とSUMIF関数を組み合わせる

❶「月」列の先頭のセル（ここではセルD3）に「=MONTH(」と入力し、

❷ 日付のセル（ここではセルA3）をクリックして、

❸ Enter キーを押します。

MEMO MONTH関数

「シリアル値」で指定した日付から月を取り出します。1〜12までの整数が返ります。
=MONTH(シリアル値)

❹ 式がコピーされて月が表示されます。

❺ 結果を表示するセル（ここではセルG3）をクリックし、

MEMO 入力した関数の意味

関数と同じ行の「日付」列から月を取り出しています。「[@日付]」は、関数と同じ行の「日付」列のセルを示す構造化参照です。

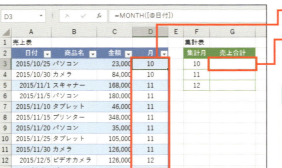

❻「=SUMIF(売上TB[月],F3,売上TB[金額])」と入力して、

❼ Enter キーを押します。

❽ 集計月（ここではセル F3）の売上合計が表示されます。

❾ セル G3 の右下のフィルハンドルにマウスポインターを合わせて下にドラッグすると、

MEMO 入力した関数の意味

「売上TB」テーブルの「月」列の中で、セルF3（10）の値を検索し、一致する行の「金額」列の値を合計します。なお、ここでは直接SUMIF関数を入力しています。

❿ 各月の集計結果が表示されます。

MEMO SUMIF関数

「範囲」で指定したセル範囲から、「検索条件」に一致する値を検索し、一致した行の「合計範囲」の値を合計します。「合計範囲」を省略した場合は、「範囲」が合計対象となります。
=SUMIF(範囲, 検索条件[, 合計範囲])

COLUMN

シリアル値について

Excelでは日付データを、1900年1月1日を「1」、1900年1月2日を「2」として、1日経過するごとに1加算する数値で管理しています。この数値を「シリアル値」といいます。「2015/10/25」のように入力すると日付と認識され、自動的に日付の表示形式が設定されます。「2015/10/25」のセルの表示形式を「標準」に変更すると、「42302」と表示されます。これがシリアル値で、2015年10月25日は1900年1月1日から42302日経過していることを意味しています。

時刻は、0時を「0」、24時を「1」として、24時間を0～1の間の小数で表します。下表のように6時は「0.25」、12時は「0.5」、18時は「0.75」、24時は「1」です。24時になると、シリアル値の整数部分が1繰り上がり、日付が1日加算され、時刻は「0」に戻ります。

日　付	シリアル値
1900/1/1	1
1900/1/2	2
↓	↓
2015/10/25	42302
↓	↓
9999/12/31	2958465

時　刻	シリアル値
0:00	0
6:00	0.25
12:00	0.5
18:00	0.75
24:00	1

SECTION 074 合計

今月の売上を合計する

売上表の中で今月の売上合計を集計するには、日付から月を取り出すための作業列を用意し、作業列に表示させた月を使って集計します。今月は、MONTH関数とTODAY関数を組み合わせて調べ、SUMIF関数で集計します。

» 日付から月を求めてから集計する

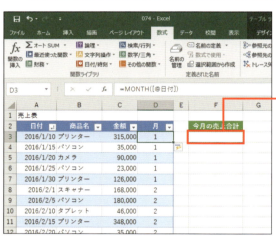

P.128の手順を参照して、「月」列の先頭のセル（ここではセルD3）に「=MONTH([@日付])」と入力し、月を取り出しておきます。

❶ 結果を表示するセル（ここではF3）をクリックします。

MEMO MONTH関数

「シリアル値」で指定した日付から月を取り出します。1～12までの整数が返ります。「シリアル値」は、日付データやシリアル値、日付が入力されているセルを指定します。
=MONTH(シリアル値)

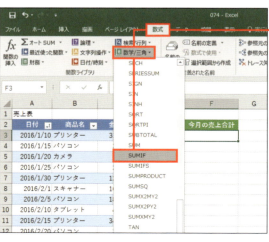

❷ ＜数式＞タブー＜数学/三角＞ー＜SUMIF＞の順にクリックします。

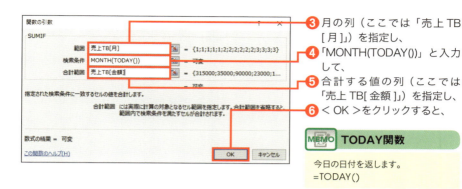

❸ 月の列（ここでは「売上TB[月]」）を指定し、

❹「MONTH(TODAY())」と入力して、

❺ 合計する値の列（ここでは「売上TB[金額]」）を指定し、

❻ <OK>をクリックすると、

MEMO TODAY関数

今日の日付を返します。
=TODAY()

MEMO 検索条件の意味

今日の日付から月を取り出しています。

❼ 今月（今日が2016年3月6日とします）の売上合計が表示されます。

MEMO SUMIF関数

「範囲」で指定したセル範囲から、「検索条件」に一致する値を検索し、一致した行の「合計範囲」の値を合計します。「合計範囲」を省略した場合は、「範囲」が合計対象となります。
=SUMIF(範囲,検索条件[,合計範囲])

MEMO 入力した関数の意味

「売上TB」テーブルの「月」列の中で、今月（MONTH(TODAY())）の値を検索し、一致する行の「売上TB」テーブルの「金額」列の値を合計します。

SECTION 075 曜日別の売上を合計する

合計

売上表から曜日別の売上集計表を作成したいときには、作業列に日付から曜日を取り出し、曜日を使って集計します。ここでは、曜日を求めるのにTEXT関数を使い、SUMIF関数で集計しています。

≫ TEXT関数で曜日を求めて集計する

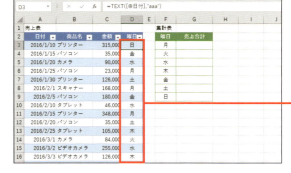

❶「曜日」列の先頭のセル（ここではセルD3）をクリックします。

❷「=TEXT([@日付],"aaa")」と入力し、

❸ Enter キーを押します。

MEMO　TEXT関数

「値」で指定した数値を、「表示形式」で指定した書式で文字列に変換します。たとえば「=TEXT(1000,"#,##0")」とすると、「1,000」と表示されます。「表示形式」には、書式記号を使って「"」で囲んで文字列として指定します。
=TEXT(値,表示形式)

❹ 式がコピーされ、曜日が表示されます。

❺ 集計結果を表示する先頭のセル（ここではセルG3）をクリックし、

MEMO　入力した関数の意味

関数と同じ行の「日付」列のセル（[@日付]）を、表示形式"aaa"（例：月）で表示します。

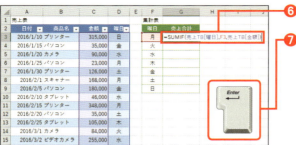

❻「=SUMIF(売上 TB[曜日],F3, 売上 TB[金額])」と入力し、
❼ Enter キーを押します。

❽ 関数が入力され、曜日の集計結果が表示されます。
❾ セル G3 の右下のフィルハンドルにマウスポインターを合わせ、下にドラッグすると、

> **MEMO 入力した関数の意味**
>
> 「売上TB」テーブルの「曜日」列の中から、セルF3（月）の値を検索し、一致した行の「金額」列の値を合計します。

❿ 関数がコピーされ、各曜日の集計結果が表示されます。

COLUMN

TEXT関数の「表示形式」で使用する書式記号の設定例

書式記号の設定例は次の通りです。

● 数値

表示形式	データ	表示
"00.00"	123.4	123.40
"##.##"	123.4	123.4
"#,##0"	1234567	1,234,567

● 曜日

表示形式	データ	表示
"aaa"	2016/1/7	木
"aaaa"		木曜日
"ddd"		Thu
"dddd"		Thursday

● 日付

表示形式	データ	表示
"yyyy/mm/dd"	2016/1/7	2016/01/07
"m/d"		1/7
"ggge 年 m 月 d 日 "		平成 28 年 1 月 7 日
"ge-m-d"		H28-1-7

● 時刻

表示形式	データ	表示
"hh:mm AM/PM"	5:30	05:30 AM
"h 時 m 分 "		5 時 30 分

SECTION 076 合計

第 3 章 関数を活用してデータを抽出・集計する技

週別の売上を合計する

週別の売上集計表を作成するには、日付から週数を取り出す作業列を用意し、週数を条件にして集計します。ここでは、週数を求めるのにWEEKNUM関数、DATE関数、YEAR関数、MONTH関数を使い、SUMIF関数で集計します。

》 日付から週数を取り出す

❶「週数」列の先頭のセル（ここではセル D3）をクリックし、

❷「=WEEKNUM([@ 日付])」と入力して、
❸ Enter キーを押します。

MEMO WEEKNUM関数

「シリアル値」で指定した日付がその年の何週目にあたるかを求めます。「週の基準」は、週の始まりを何曜日にするかを数値で指定します。1または省略すると日曜日となり、2にすると月曜日になります。
=WEEEKNUM(シリアル値 [, 週の基準])

❹ 式がコピーされ、年初からの週数が表示されます。

MEMO 入力した関数の意味

関数と同じ行の「日付」列の日付が、年初から何週目かを求めています。「[@日付]」は関数と同じ行の「日付」列のセルを示す構造化参照です。

≫ 同じ月の中での週数を求める

1. 「週数」列の先頭のセル（ここではセル D3）をクリックし、
2. 数式バーをクリックして、数式の末尾にカーソルを表示します。
3. 「=WEEKNUM([@日付])-WEEKNUM(DATE(YEAR([@日付]),MONTH([@日付]),1))+1」となるように修正し、
4. Enter キーを押します。

> **MEMO DATE関数**
>
> 指定した「年」「月」「日」から日付データを作成します。「年」は1900～9999の範囲の西暦、「月」は月を表す数値（1～12）、日は日を表す数値（1～31）を指定します。
> =DATE(年,月,日)

5. 月内での週数が表示されます。

> **MEMO YEAR関数**
>
> 「シリアル値」で指定した日付から年を取り出します。
> =YEAR(シリアル値)

COLUMN

数式バーの数式の意味

ここでは、「日付」列のセルの日付が、その月の何週目にあたるかを計算しています。その月の1日が何週目にあたるかは「WEEKNUM(DATE(YEAR([@日付]),MONTH([@日付]),1))」で調べ、「WEEKNUM([@日付])」からその週数を引き、1を足すことで求められます。

135

週数別に集計する

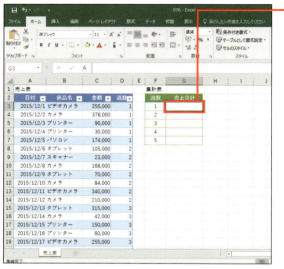

❶ 集計結果を表示する先頭のセル（ここではセルG3）をクリックし、

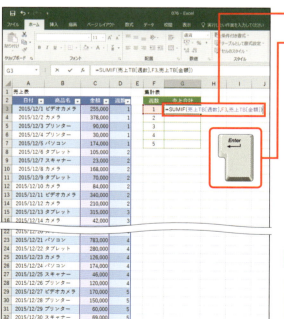

❷ 「=SUMIF(売上TB[週数],F3,売上TB[金額])」と入力し、
❸ Enter キーを押します。

> **MEMO** SUMIF関数
>
> 「範囲」で指定したセル範囲から、「検索条件」に一致する値を検索し、一致した行の「合計範囲」の値を合計します。
> =SUMIF(範囲,検索条件[,合計範囲])

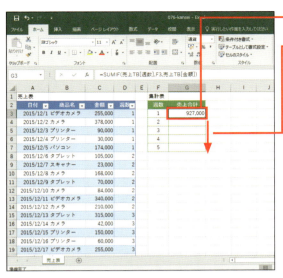

④ 週数の集計結果が表示されます。

⑤ セル G3 の右下のフィルハンドルにマウスポインターを合わせ、下にドラッグすると、

MEMO 入力した関数の意味

「売上TB」テーブルの「週数」列の中から、セルF3（1）の値を検索し、一致した行の「金額」列の値を合計します。

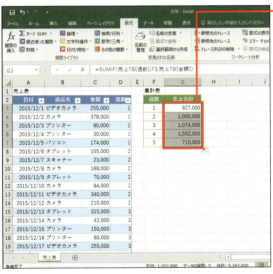

⑥ 月（2015 年 12 月）の週ごとの売上合計が表示されます。

SECTION 077 平日・土日の売上を合計する

合計

平日と土日の売上合計を求めるには、WEEKDAY関数を使って日付に対する曜日を1〜7で表し、土日に該当する数値（6と7）を条件として、SUMIF関数で合計を求めます。ここでは、曜日番号を求めるために作業列を用意します。

≫ 日付から曜日番号を求める

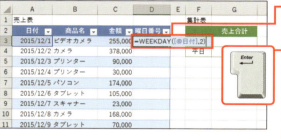

❶ 「曜日番号」列の先頭セル（ここではセルD3）に「=WEEKNUM([@日付],2)」と入力し、
❷ Enterキーを押します。

MEMO　WEEKDAY関数

「シリアル値」で指定した日付から、「種類」で指定した基準で、曜日を1〜7の数値で表示します。「種類」が1のとき、日曜〜土曜の順に1〜7となり、2のとき、月曜〜日曜の順に1〜7、3のとき、月曜〜日曜の順に0〜6の数値が返ります。
=WEEKDAY(シリアル値[,種類])

❸ 1（月曜）〜7（日曜）の曜日番号が表示されます。

MEMO　入力した関数の意味

関数と同じ行の「日付」列の曜日で、月〜日を1〜7として曜日番号を表示します。

COLUMN

比較演算子を使った条件式の設定方法

SUMIF関数で、「6以上」「6未満」といった数値の範囲を条件として集計するときは、第2引数で比較演算子を使って条件式を設定します。比較演算子は右表の通りです。関数内で設定する場合は、条件式の前後を「"」（ダブルクォーテーション）で囲みます。

比較演算子	内容	
=	等しい	=6
<>	等しくない、ではない	<>6
>	より大きい	>6
>=	以上	>=6
<	より小さい、未満	<6
<=	以下	<=6

≫ 土日と平日の売上合計を求める

❶ 結果を表示するセル（ここではセル G3）をクリックし、

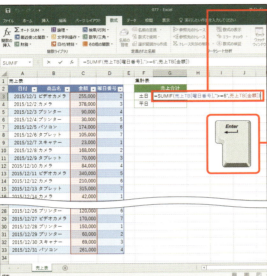

❷ 「=SUMIF(売上TB[曜日番号],">=6",売上TB[金額])」と入力し、

❸ Enter キーを押します。

> **MEMO** **SUMIF関数**
>
> 「範囲」で指定したセル範囲から、「検索条件」に一致する値を検索し、一致した行の「合計範囲」の値を合計します。
> =SUMIF(範囲,検索条件[,合計範囲])

> **MEMO** **入力した関数の意味**
>
> 「曜日番号」列では、土日は6以上の数になります。そこで、「売上TB」テーブルの「曜日番号」列から「6以上」（>=6）の値を検索し、一致した行の「金額」列の値を合計します。

❹ 土日の売上合計が表示されます。

❺ 同様にして、平日の売上合計のセル（ここではセルG4）に「=SUMIF(売上TB[曜日番号],"<6",売上TB[金額])」と入力し、

❻ Enter キーを押すと、

❼ 平日の売上合計が表示されます。

> **MEMO** **平日の条件**
>
> 平日は曜日番号が6より小さい数なので、SUMIF関数の第2引数で「"<6"」と入力します。「"<=5"」とすることもできます。

SECTION 078 合計

「○○」で始まる商品の売上を合計する

SUMIF関数を使って、特定の文字を含む文字列を条件として集計したいときは、任意の文字を代用する「ワイルドカード」を使って条件式を指定します。ここでは、「カメラ」で終わる、始まる商品名の売上金額を求めてみましょう。

» 「○○で始まる」商品の売上合計を求める

❶ 結果を表示するセル（ここではセル E3）をクリックし、

❷ 「=SUMIF(売上 TB[商品名],"カメラ *",売上 TB[金額])」と入力し、

❸ Enter キーを押すと、

MEMO SUMIF関数

「範囲」で指定したセル範囲から、「検索条件」に一致する値を検索し、一致した行の「合計範囲」の値を合計します。
=SUMIF(範囲,検索条件[,合計範囲])

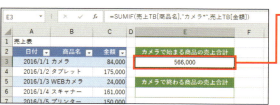

❹ カメラで始まる商品の売上合計が表示されます。

MEMO 入力した関数の意味

「売上TB」テーブルの「商品名」列の中で「カメラで始まる」商品を検索し、一致する値と同じ行にある「金額」列の値を合計します。

COLUMN

ワイルドカードを使った条件式の設定方法

ワイルドカードは、任意の文字列を表す記号で、検索条件を設定するときに使用します。「?」（クエスチョン）は任意の1文字、「*」（アスタリスク）は0文字以上の任意の文字列を表します。使用するときは、必ず半角で入力します。たとえば、「"カメラ*"」は「カメラで始まる文字列」、「"*カメラ"」は「カメラで終わる文字列」、「"*カメラ*"」は「カメラを含む文字列」、「"???カメラ"」は「4文字目がカメラの文字列」を表します。

「○○で終わる」商品の売上合計を求める

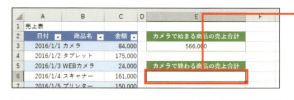

❶ 結果を表示するセル（ここではセル E6）をクリックし、

MEMO 入力した関数の意味

「売上TB」テーブルの「商品名」列の中で「カメラで終わる」商品を検索し、一致する値と同じ行にある「金額」列の値を合計します。

❷ 「=SUMIF(売上TB[商品名],"*カメラ",売上TB[金額])」と入力して、

❸ Enter キーを押します。

❹ カメラで終わる商品の売上合計が表示されます。

MEMO 「*」の注意点

「*」は0文字以上の任意の文字を代用します。そのため、「カメラで始まる」と「カメラで終わる」の両方に商品名「カメラ」が含まれます。「カメラ」という文字列を除外するには、1文字の代用である「?」と組み合わせて、「カメラ?*」「?*カメラ」とします。これで、「カメラ」の後ろまたは前に少なくとも1文字付いている文字列が該当します。

📄 COLUMN

セル参照とワイルドカードを組み合わせる

セル参照とワイルドカードを組み合わせると、セルに入力された文字列をキーワードにした集計ができます。たとえば、セルE3に入力した文字列を含む商品の売上合計を求めたい場合は、ワイルドカードとセル参照を「&」でつなげて、「"*"&E3&"*"」（セルE3の値を含む）と記述します。

=SUMIF(売上TB[商品名],"*"&E3&"*",売上TB[金額])

「売上TB」テーブルの「商品名」列の中でセルE3の値を含むものを検索し、一致する行の「金額」列の値を合計しています。

SECTION 079 合計

第 3 章 関数を活用してデータを抽出・集計する技

複数の条件を満たす売上を合計する

指定した支店名と商品名の売上合計を求めるには、複数の条件を満たすデータで集計することができるSUMIFS関数を使います。ここでは、支店名が「新宿支店」、商品名が「カメラ」のデータを集計してみましょう。

≫ 「新宿支店」の「カメラ」の売上合計を求める

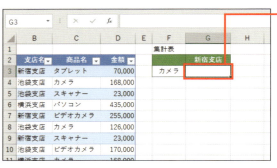

❶ 結果を表示するセル（ここではセルG3）をクリックし、

❷ ＜数式＞タブ－＜数学／三角＞－＜SUMIFS＞の順にクリックします。

MEMO SUMIFS関数

「条件1」を満たす値を「条件範囲1」の中から検索し、見つかった行にある「合計範囲」の値を合計します。「条件範囲2」「条件2」以降を指定した場合は、すべての条件を満たす値で合計します。「条件範囲」と「条件」は必ずセットで設定します。
=SUMIFS(合計範囲, 条件範囲1, 条件1 [, 条件範囲2, 条件2, …])

❸ 合計する値の列（ここでは「売上TB[金額]」）を指定し、
❹ 条件を検索する列（ここでは「売上TB[商品名]」）を指定して、
❺ 検索する商品名が入力されているセル（ここではセルF3）を指定します。

MEMO 条件を直接指定する

「条件1」欄で条件を直接指定する場合は、「"カメラ"」のように「"」で囲みます。

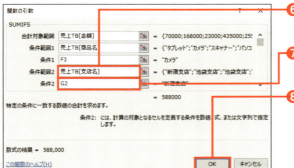

❻ 2つ目の条件を検索する列（ここでは「売上TB[支店名]」）を指定し、
❼ 検索する支店名が入力されているセル（ここではセルG2）をクリックして、
❽ ＜OK＞をクリックすると、

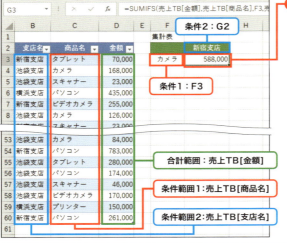

❾ 新宿支店のカメラの売上合計が表示されます。

=SUMIFS(売上TB[金額],売上TB[商品名],F3,売上TB[支店名],G2)

SECTION 080 合計

支店別・商品別の売上表を作る

支店別、商品別に集計した売上表を作成するには、SECTION 079で設定したSUMIFS関数をコピーして使います。関数をコピーしても集計表の支店名、商品名のセルを正しく参照できるように、セルの参照方法を修正します。

≫ 行や列のセル参照を固定してコピーする

テーブルで使用されている商品名と支店名を入れた集計表を用意します。

❶ 結果を表示するセル（ここではセルG3）に、SUMIFS関数を設定します（SECTION 079参照）。

❷ 数式バーをクリックして3つ目の引数（ここでは「F3」）にカーソルを移動し、

❸ F4キーを3回押すと、

❹ 列番号が絶対参照（$F3）になります。

MEMO 行見出し（商品名）の参照

列だけ絶対参照にしておくと、式をコピーしても、行見出しの列（商品名）の参照がずれません。

❺ 5つ目の引数（ここでは「G2」）にカーソルを移動し、

❻ F4キーを2回押して、

❼ 行番号が絶対参照（G$2）になったら、

❽ Enterキーを押します。

MEMO 列見出し（支店名）の参照

行だけ絶対参照にしておくと、式をコピーしても、列見出しの行（支店名）の参照がずれません。

⑨ 式が修正されます。
⑩ セルの右下にあるフィルハンドルにマウスポインターを合わせ、下方向（ここではセルG8まで）にドラッグして式をコピーします。

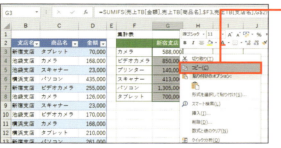

⑪ コピーした式のセル範囲内で右クリックして＜コピー＞をクリックし、

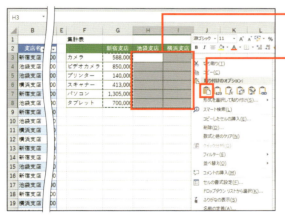

⑫ 貼り付け先となるセル範囲（ここではセルH3〜I8）を選択して、
⑬ 範囲内で右クリックして＜貼り付け＞をクリックすると、

MEMO　オートフィルは使わない

構造化参照を使ってSUMIFS関数を使っているとき、オートフィルを使って式を右方向にコピーすると、列の参照がずれてしまい正しく集計されません。そのため、コピーと貼り付けを使って式をコピーしています。

⑭ 式がコピーされ、各支店の商品別の売上合計が表示されます。

SECTION 081 合計
一定期間の売上を合計する

期間を指定して売上合計を集計したいときは、SUMIFS関数を使います。開始日以降、終了日以前というように、日付の条件を2つ指定します。ここでは、セルに入力された開始日と終了日を使って集計する条件を指定します。

2つの条件を指定する

❶ 集計の開始日（セルF3）と終了日（セルG3）を入力します。

❷ 結果を表示するセル（ここではセルF4）をクリックし、

❸ ＜数式＞タブ−＜数学／三角＞−＜SUMIFS＞をクリックします。

MEMO 「いつから」の条件式

セルを参照して「いつから」を表す条件式は、比較演算子と「&」を使い、「">="&F3」のように指定します。日付を直接指定する場合は、「">=2015/12/1"」のように記述します。

❹ 合計する値の列（ここでは「売上TB[金額]」）を指定し、

❺ 1つ目の条件範囲となる日付の列（ここでは「売上TB[日付]」）を指定して、

❻ 1つ目の条件式（ここでは「">="&F3」）を入力します。

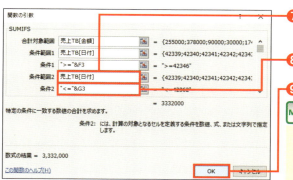

❼ 2つ目の条件範囲となる日付の列(ここでは「売上TB[日付]」)を指定し、

❽ 2つ目の条件式(ここでは「"<="&G3」)を入力して、

❾ <OK>をクリックします。

MEMO 「いつまで」の条件

セルを参照して「いつまで」を表す条件式は、比較演算子と「&」を使い、「"<="&G3」のように指定します。日付を直接指定する場合は、「"<=2015/12/31"」のように記述します。

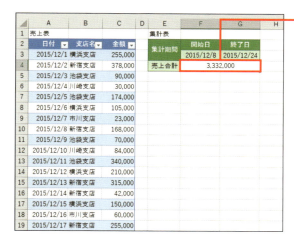

❿ 開始日から終了日(ここでは2015/12/8 〜 2015/12/24)までの売上合計が表示されます。

⓫ 開始日と終了日の日付を変更すると、

⓬ 集計結果も変わります。

第 3 章 関数を活用してデータを抽出・集計する技

SECTION
082
合計

2つの条件のいずれかを満たす売上を合計する

「新宿支店」と「池袋支店」の売上合計を求めるときの条件は、支店名が「新宿支店」または「池袋支店」というOR条件になります。データベース関数のDSUM関数を使うと、条件の表を使ってOR条件などの複数の条件に対応した集計が可能です。

≫ 「新宿支店」または「池袋支店」の売上合計を求める

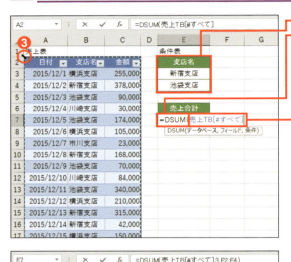

❶ 条件の表に条件を入力して、
❷ 結果を表示するセル（ここではセルE7）に「=DSUM(」と入力し、
❸「売上TB」テーブルの左上角にマウスポインターを合わせ、■になったら2回クリックすると、
❹ テーブル全体が選択され、式に「売上TB[# すべて]」と表示されます。

MEMO DSUM関数

「条件」の表に指定された条件を満たすデータを「データベース」の表の中から抽出し、「フィールド」で指定した列にある値の合計を求めます。「フィールド」は、集計対象の列を列見出しまたは列番号で指定します。列見出しは、「"金額"」のように文字列で指定するか、「B1」のようにセル参照で指定できます。列番号はデータベースの左から何番目かを数字で指定します。
=DSUM(データベース, フィールド, 条件)

❺ 続けて、「,3,E2:E4)」と入力し、
❻ Enter キーを押します。

❼ 条件の表に合致するデータの合計が表示されます（ここでは、「新宿支店」と「池袋支店」の合計金額）。

入力した関数の意味

条件の表（セルE2～E4）で指定した条件を満たしたデータを「売上TB」テーブルの中から検索し、左から3列目にある「金額」列の値を合計します。

=DSUM(売上TB[#すべて],3,E2:E4)

COLUMN

複数条件の設定方法

DSUM関数の条件の表は、1行目はデータベースと同じ項目名を使用し、2行目以降に条件を設定します。複数の条件を設定する場合、設定した条件をすべて満たしたいときはAND条件で、同じ行に条件式を設定します。設定した条件のいずれか1つを満たしていればいいときはOR条件で、異なる行に条件式を設定します。また、条件の表の設定方法については、P.165を参照してください。

● AND 条件

支店が「新宿支店」かつ日付が 2015/12/14	
支店名	日付
新宿支店	2015/12/14

日付が 2015/12/1 以降かつ 2015/12/7 以前	
日付	日付
>=2015/12/1	<=2015/12/7

● OR 条件

支店が「新宿支店」または「池袋支店」
支店名
新宿支店
池袋支店

● AND 条件と OR 条件

支店が「新宿支店」か「池袋支店」、かつ日付が 2015/12/20 以降	
支店名	日付
新宿支店	>=2015/12/20
池袋支店	>=2015/12/20

SECTION 083 合計

第3章 関数を活用してデータを抽出・集計する技

2つの条件をともに満たす売上を合計する

指定した価格帯の商品の売上合計を求めるときは、価格が「1万以上」かつ「3万未満」というAND条件を利用します。ここでは、AND条件の表を作成し、DSUM関数で売上合計を計算してみましょう。

≫ 1万円以上かつ3万円未満の売上合計を求める

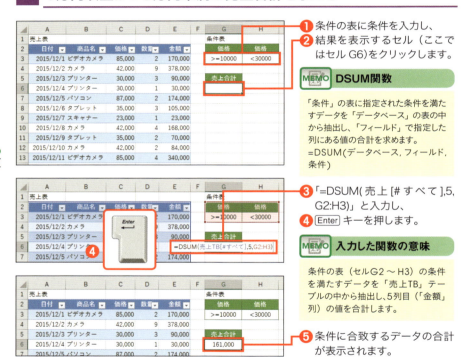

❶ 条件の表に条件を入力し、
❷ 結果を表示するセル（ここではセルG6）をクリックします。

MEMO DSUM関数

「条件」の表に指定された条件を満たすデータを「データベース」の表の中から抽出し、「フィールド」で指定した列にある値の合計を求めます。
=DSUM(データベース,フィールド,条件)

❸ 「=DSUM(売上[#すべて],5,G2:H3)」と入力し、
❹ Enterキーを押します。

MEMO 入力した関数の意味

条件の表（セルG2～H3）の条件を満たすデータを「売上TB」テーブルの中から抽出し、5列目（「金額」列）の値を合計します。

❺ 条件に合致するデータの合計が表示されます。

COLUMN

SUMIFS関数を使って「1万円以上3万円未満」の売上金額を求める

SUMIFS関数を使うと、条件を式の中に直接記述して集計できます。

価格が1万円以上　価格が3万円未満

SECTION 084 合計

AND条件とOR条件を組み合わせて売上を合計する

12月の「東京」と「神奈川」という条件は、「12月1日以降」かつ「12月31日以前」で、なおかつ「東京」または「神奈川」というAND条件とOR条件の複合条件になります。ここでは、条件を表にしてDSUM関数で求めてみましょう。

≫ AND条件とOR条件で条件表を作成する

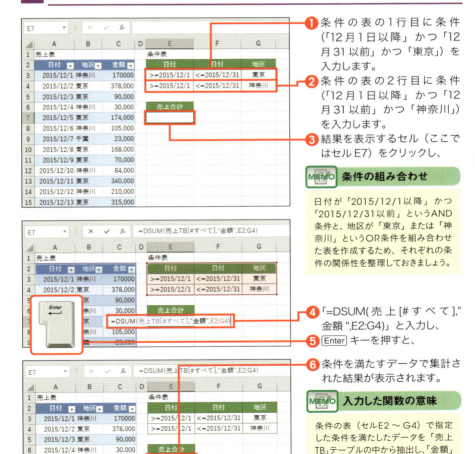

第 3 章　関数を活用してデータを抽出・集計する技

SECTION 085 件数

データの件数を求める

データの件数を数える関数には、COUNT関数、COUNTA関数、COUNTBLANK関数があります。数えるデータの種類によってこれらの関数を使い分けます。ここでは、3つの関数の違いを確認しましょう。

≫ COUNT関数で数値データの件数を求める

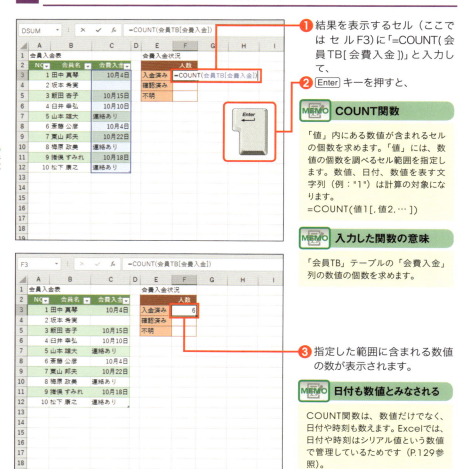

❶ 結果を表示するセル（ここではセルF3）に「=COUNT(会員TB[会費入金])」と入力して、

❷ Enter キーを押すと、

MEMO COUNT関数

「値」内にある数値が含まれるセルの個数を求めます。「値」には、数値の個数を調べるセル範囲を指定します。数値、日付、数値を表す文字列（例："1"）は計算の対象になります。
=COUNT(値1[,値2,…])

MEMO 入力した関数の意味

「会員TB」テーブルの「会費入金」列の数値の個数を求めます。

❸ 指定した範囲に含まれる数値の数が表示されます。

MEMO 日付も数値とみなされる

COUNT関数は、数値だけでなく、日付や時刻も数えます。Excelでは、日付や時刻はシリアル値という数値で管理しているためです（P.129参照）。

≫ COUNTA関数で空白以外のデータの件数を求める

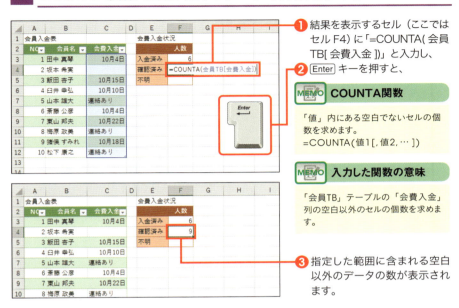

❶ 結果を表示するセル(ここではセルF4)に「=COUNTA(会員TB[会費入金])」と入力し、

❷ Enter キーを押すと、

MEMO COUNTA関数

「値」内にある空白でないセルの個数を求めます。
=COUNTA(値1[,値2,…])

MEMO 入力した関数の意味

「会員TB」テーブルの「会費入金」列の空白以外のセルの個数を求めます。

❸ 指定した範囲に含まれる空白以外のデータの数が表示されます。

≫ COUNTBLANK関数で空白セルの件数を求める

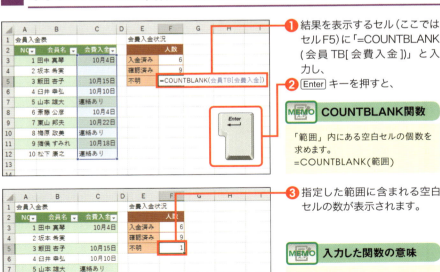

❶ 結果を表示するセル(ここではセルF5)に「=COUNTBLANK(会員TB[会費入金])」と入力し、

❷ Enter キーを押すと、

MEMO COUNTBLANK関数

「範囲」内にある空白セルの個数を求めます。
=COUNTBLANK(範囲)

❸ 指定した範囲に含まれる空白セルの数が表示されます。

MEMO 入力した関数の意味

「会員TB」テーブルの「会費入金」列の空白セルの個数を求めます。

SECTION 086 件数

非表示のデータを除いて件数を求める

第3章 関数を活用してデータを抽出・集計する技

レコードの抽出中、非表示のデータを除いて表示されているデータの件数を求めたいときは、SUBTOTAL関数を使います。第1引数の設定値によって、COUNT関数、COUNTA関数に相当する計算ができます。

» SUBTOTAL関数を使って表示中のデータの件数を求める

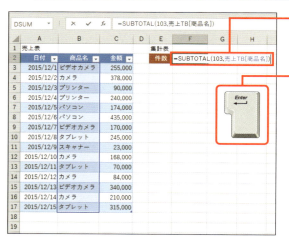

❶ 結果を表示するセル(ここではセル F2)に「=SUBTOTAL(103,売上 TB[商品名])」と入力し、

❷ Enter キーを押すと、

MEMO SUBTOTAL関数

「集計方法」で指定した集計方法で、「参照1」のセルの値を集計します。「集計方法」では、1〜11または、101〜111の数値で集計方法を指定します。101〜111を使うと行が非表示の値を含めずに集計します (P.121参照)。
=SUBTOTAL(集計方法,参照1[,参照2,…])

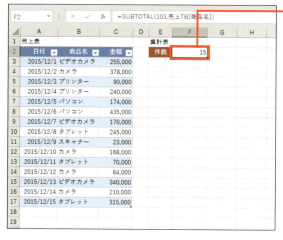

❸ データの件数が表示されます。

MEMO 入力した関数の意味

集計方法「103」(空白以外のデータの件数を集計) で「売上TB」テーブルの「商品名」列のデータの件数を求めるという意味です。集計方法が「103」のときは、表示行を対象に計算します。COUNTA関数に相当する結果が返ります。

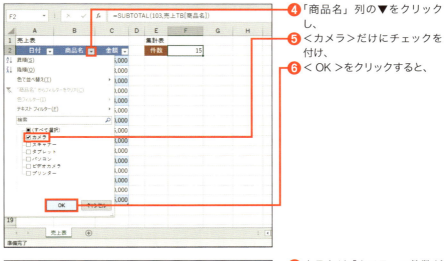

❹「商品名」列の▼をクリックし、
❺＜カメラ＞だけにチェックを付け、
❻＜ OK ＞をクリックすると、

❼商品名が「カメラ」の件数が表示されます。

COLUMN

SUBTOTAL関数を使って数値の個数を求める

SUBTOTAL関数を使って数値の個数を求めるには、第1引数を「102」にします。右図では、数値が入力されている「金額」列で非表示行を除いた数値の個数を求めています。

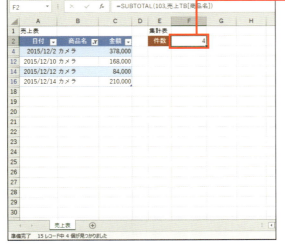

155

第 3 章　関数を活用してデータを抽出・集計する技

SECTION 087 件数

条件に一致するデータの件数を求める

表の中から、指定した文字列を持つデータの件数を求めるには、COUNTIF関数を使います。ここでは、＜関数の挿入＞を使ってCOUNTIF関数の引数を画面で設定しながら、地区が「東京」の件数を求めてみましょう。

≫ COUNTIF関数を使って「東京」のセルの個数を調べる

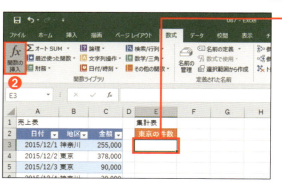

❶ 結果を表示するセル（ここではセル E3）をクリックし、
❷ ＜数式＞タブ－＜関数の挿入＞をクリックします。

❸ 「COUNTIF」と入力し、
❹ ＜検索開始＞をクリックします。
❺ 一覧に表示された「COUNTIF」をクリックし、
❻ ＜ OK ＞をクリックします。

MEMO　COUNTIF関数の分類

COUNTIF関数は「統計」に分類されます。分類から選択する場合は、＜数式＞タブ－＜その他の関数＞－＜統計＞－＜COUNTIF＞の順にクリックします。

MEMO　COUNTIF関数

「範囲」で指定したセル範囲の中から、「検索条件」に一致する値の件数を求めます。
=COUNTIF(範囲,検索条件)

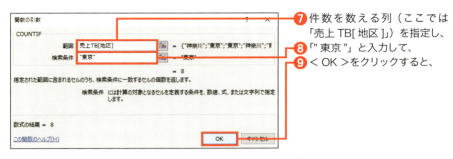

❼ 件数を数える列（ここでは「売上TB[地区]」）を指定し、
❽ 「"東京"」と入力して、
❾ ＜OK＞をクリックすると、

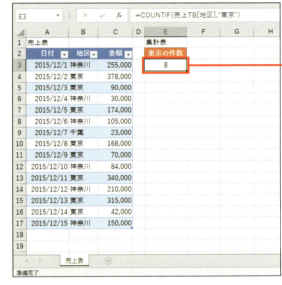

❿ 東京の件数が表示されます。

MEMO 入力した関数の意味

「売上TB」テーブルの「地区」列で「東京」の件数を表示します。

COLUMN

セルの値を検索条件にする

COUNTIF関数で、検索条件にセル参照を使うこともできます。セルに条件を入力すれば、いろいろな条件で件数が求められます。ここでは、セルE3に条件を入力し、COUNTIFでセルE3を参照しています。セルに条件を入力する方法については、P.158を参照してください。

SECTION 088 件数

指定した値以上の
データの件数を求める

指定した値以上のデータの件数を求めるには、COUNTIF関数を使って、比較演算子を使った条件を設定します。ここでは、金額が「10万円以上」のデータの件数を求めるCOUNTIF関数を設定しながら、条件の設定方法を確認しましょう。

≫ 比較演算子を使って条件を指定する

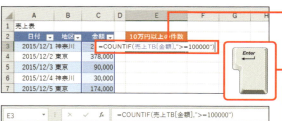

❶ 結果を表示するセル（ここではセル E3）に「=COUNTIF(売上TB[金額],">=100000")」と入力し、
❷ Enter キーを押すと、

MEMO COUNTIF関数

「範囲」で指定したセル範囲の中から、「検索条件」に一致する値の件数を求めます。
=COUNTIF(範囲,検索条件)

MEMO 入力した関数の意味

「売上TB」テーブルの「金額」列の中で「10万以上」の値の件数を表示します。

❸ 条件を満たすデータの件数が表示されます。

COLUMN 検索条件にセルを参照させる

COUNTIF関数で、セルの値を使って比較演算子を使った条件を指定する場合は、右図のように比較演算子とセル参照を「&」で結びます。

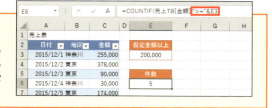

SECTION 089 件数

「○○」で始まるデータの件数を求める

「○○」で始まるとか「○○」で終わるというような、あいまいな条件に一致するデータの件数を求めるには、COUNTIF関数で、検索条件にワイルドカードを使って指定します。ここでは、「WEBで始まる商品」の件数を求めてみましょう。

≫ 「WEB」で始まる商品名の件数を求める

❶ 結果を表示するセル（ここではセルE3）に「=COUNTIF(売上TB[商品名],"WEB*")」と入力し、

❷ Enterキーを押すと、

MEMO COUNTIF関数

「範囲」で指定したセル範囲の中から、「検索条件」に一致する値の件数を求めます。
=COUNTIF(範囲,検索条件)

❸ 指定した条件を満たすデータの件数が表示されます。

MEMO 入力した関数の意味

「売上TB」テーブルの「商品名」列の中で「WEB」で始まる値を検索し、見つかった値の件数を求めます。「"WEB*"」は、「WEBで始まる」という意味の条件です。

COLUMN

セルを参照して条件を指定する

COUNTIF関数で、セルの値を使って「○○を含む」というあいまいな条件を指定する場合は、右図のようにワイルドカードとセル参照を「&」で結びます。

159

第 3 章　関数を活用してデータを抽出・集計する技

SECTION 090 件数

複数の条件を満たすデータの件数を求める

COUNTIFS関数を使うと、支店名と商品名の両方を指定して件数を集計できます。COUNTIFS関数は、複数の条件を満たすデータで件数を求めたいときに使用します。ここでは、支店名が「新宿支店」、商品名が「カメラ」の件数を集計してみましょう。

≫ 「新宿支店」の「カメラ」の売上件数を求める

1 結果を表示するセル（ここではセル G3）をクリックし、
2 ＜数式＞タブ－＜関数の挿入＞をクリックします。

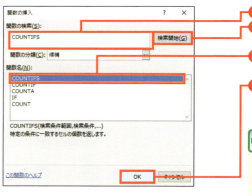

3 「COUNTIFS」と入力し、
4 ＜検索開始＞をクリックします。
5 一覧に表示された「COUNTIFS」をクリックし、
6 ＜ OK ＞をクリックします。

MEMO COUNTIFS関数

「検索条件1」を満たす値を「検索条件範囲1」の中から検索し、見つかった値の件数を求めます。「検索条件範囲2」「検索条件2」以降を指定した場合は、「検索条件1」「検索条件2」…とすべての条件を満たす値を検索し、見つかった値の件数を求めます。
=COUNTIFS(検索条件範囲1, 検索条件1[, 検索条件範囲2, 検索条件2,…])

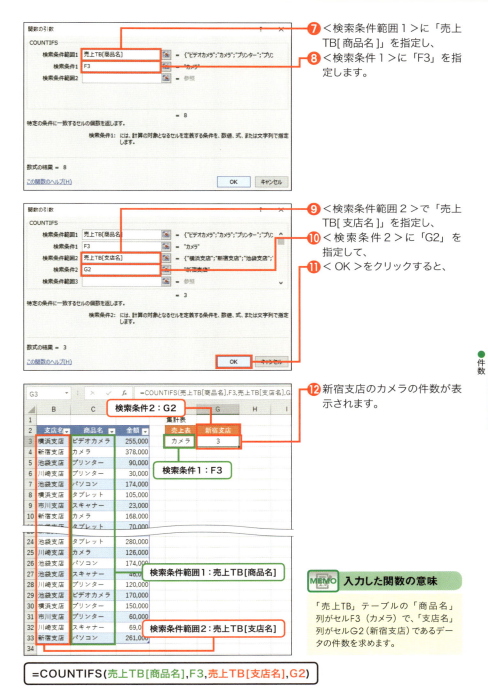

SECTION 091 件数

支店別・売上別に件数表を作成する

各支店の売上金額が10万円以上の件数の集計表を作るには、COUNTIFS関数を使います。支店という条件と、売上金額が10万円以上という2つの条件を指定して関数を設定します。10万円以上は比較演算子を使って「">=100000"」と指定します。

》 支店別、売上金額10万以上の件数を求める

❶ 集計表の先頭セル（ここではセルF3）をクリックし、

❷ ＜数式＞タブ－＜その他の関数＞－＜統計＞－＜COUNTIFS＞の順にクリックします。

MEMO COUNTIFS関数

「検索条件1」を満たす値を「検索条件範囲1」の中から検索し、見つかった値の件数を求めます。「検索条件範囲2」「検索条件2」以降を指定した場合は、「検索条件1」「検索条件2」…とすべての条件を満たす値を検索し、見つかった値の件数を求めます。
=COUNTIFS(検索条件範囲1, 検索条件1[, 検索条件範囲2, 検索条件2,…])

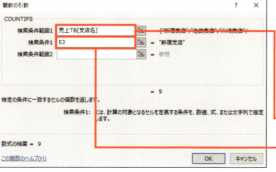

❸ ＜検索条件範囲1＞に「売上TB[支店名]」を指定し、
❹ ＜検索条件1＞に「E3」を指定します。

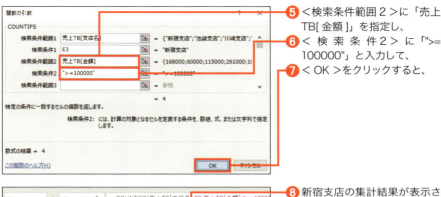

❺ <検索条件範囲2>に「売上TB[金額]」を指定し、
❻ <検索条件2>に「">=100000"」と入力して、
❼ <OK>をクリックすると、

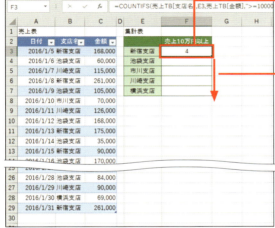

❽ 新宿支店の集計結果が表示されます。
❾ セルF3の右下のフィルハンドルにマウスポインターを合わせ、下へドラッグすると、

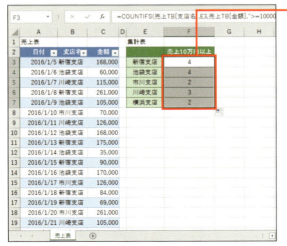

❿ 各支店の売上が10万円以上の件数が表示されます。

SECTION 092 件数

条件の表を使ってデータの件数を求める

12月の売上件数を求めるときの条件は、日付が「12/1以降」かつ「12/31以前」というAND条件になります。データベース関数のDCOUNT関数を使うと、条件の表を使ってAND条件などの複数の条件に対応した集計が可能です。

≫ 12/1以降かつ12/31以前の件数を求める

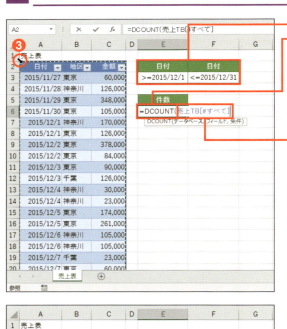

❶ 条件の表に条件を入力し、

❷ 結果を表示するセル（ここではセルE6）に「=DCOUNT(」と入力し、

❸「売上TB」テーブルの左上角にマウスポインターを合わせ、↘になったら2回クリックすると、

❹ テーブル全体が選択され、式に「売上TB[#すべて]」と表示されます。

MEMO DCOUNT関数

「データベース」の表の中で指定された「フィールド」を検索し、「条件」を満たすレコードの中で数値が入力されているセルの個数を返します。「フィールド」では、集計対象となる列を見出しまたは列番号で指定します。列見出しは「"日付"」のように文字列か、「A2」のようにセル参照で指定できます。列番号はデータベースの表の左から何列目かを数字で指定します。
=DCOUNT(データベース,フィールド,条件)

❺ 続けて、「,1,E2:F3)」と入力し、

❻ Enter キーを押します。

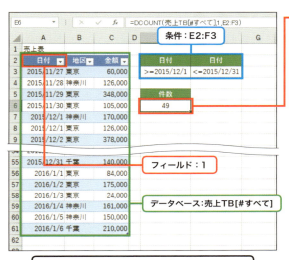

❼ 条件を満たすデータの件数が表示されます。

MEMO 入力した関数の意味

「売上TB」テーブルで、左から1列目にある「日付」列を検索し、条件の表（セルE2～F3）で指定した条件（2015年12月1日以降、12月31日以前）を満たした日付の件数を求めます。

`=DCOUNT(売上TB[#すべて],1,E2:F3)`

COLUMN

条件の表の設定方法

DSUM関数、DCOUNT関数などのデータベース関数で、指定する条件の表の設定方法をまとめます。以下を参考に条件を設定しましょう。

● 完全一致
条件に「カメラ」と指定すると、「カメラケース」のようにカメラで始まる文字列も検索されてしまいます。完全一致する値だけを検索したい場合は、「="=カメラ"」と指定します。

● あいまい検索
「*」や「?」のようなワイルドカード（P.068参照）を使用すると、「○○を含む」といったあいまい検索ができます。条件に「="=*カメラ"」と指定すると、「カメラで終わる」ものが検索されます。

● 以上・より小さい
数値や日付で「以上」や「より小さい」のような範囲のある条件は、比較演算子を使います。「2015/12/3以降」は「>=2015/12/3」、「100より小さい」は「<100」と指定します。

● 未入力
未入力（セルに何も入力されていない）の条件を設定するには、「="="」と指定します。

SECTION 093 平均

第 3 章 関数を活用してデータを抽出・集計する技

条件に一致するデータの平均を求める

AVERAGEIF関数を使うと、条件に一致するデータの平均値を求めることができます。ここでは、＜関数の挿入＞を使ってAVERAGEIF関数の設定手順を確認しながら、「東京」地区の平均売上金額を調べてみましょう。

≫ 東京地区の売上平均を求める

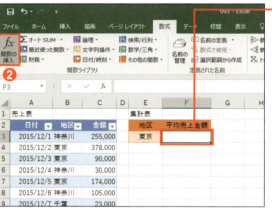

❶ 結果を表示するセル（ここではセルF3）をクリックし、
❷ ＜数式＞タブー＜関数の挿入＞をクリックします。

❸ ＜関数の検索＞に「AVERAGEIF」と入力し、
❹ ＜検索開始＞をクリックします。
❺ 表示された「AVERAGEIF」をクリックし、
❻ ＜OK＞をクリックします。

MEMO AVERAGEIF関数

「範囲」で指定したセル範囲から、「条件」に一致する値を検索し、見つかった値の行にある「平均対象範囲」の平均値を求めます。「平均対象範囲」を省略した場合は、「範囲」の値で平均値を求めます。
=AVERAGEIF(範囲, 条件[, 平均対象範囲])

166

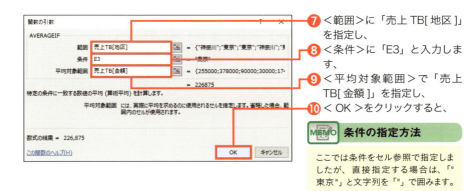

❼ ＜範囲＞に「売上TB[地区]」を指定し、
❽ ＜条件＞に「E3」と入力します、
❾ ＜平均対象範囲＞で「売上TB[金額]」を指定し、
❿ ＜OK＞をクリックすると、

MEMO 条件の指定方法
ここでは条件をセル参照で指定しましたが、直接指定する場合は、「"東京"」と文字列を「"」で囲みます。

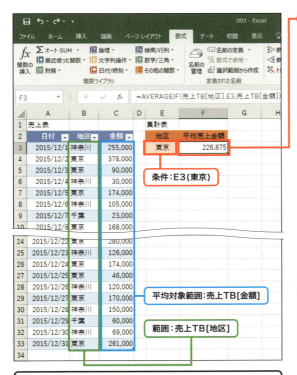

⓫ 指定した条件を満たすデータの金額の平均値が表示されます。

MEMO 入力した関数の意味
「売上TB」テーブルの「地区」列の中で、セルE3（東京）を検索し、見つかった行に対応する「金額」列の平均値を求めます。

SECTION 094 平均

0を除いた平均を求める

AVERAGEIF関数を使うと、0を除いた平均値を求めることができます。たとえば、売上金額が0でない、すなわち、実際に売上金額として計上された金額の中で平均金額を求めたいときに使えます。

≫ 売上が0のデータを除いた平均値を求める

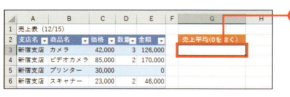

❶ 結果を表示するセル（ここではセル G3）をクリックし、

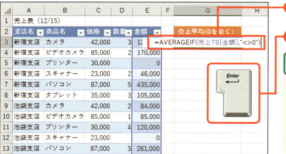

❷ 「=AVERAGEIF(売上TB[金額],"<>0")」と入力して、
❸ Enter キーを押すと、

MEMO AVERAGEIF関数

「範囲」で指定したセル範囲から、「条件」に一致する値を検索し、見つかった値の行にある「平均対象範囲」の平均値を求めます。
=AVERAGEIF(範囲, 条件 [, 平均対象範囲])

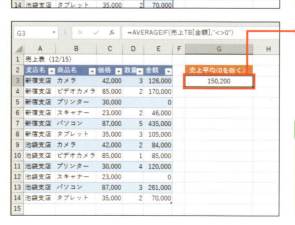

❹ 0を除いた平均値が表示されます。

MEMO 入力した関数の意味

「売上TB」テーブルの「金額」列の中で、0ではない値（<>0）の平均値を求めます。範囲と平均対象範囲が同じであるため、引数「平均対象範囲」は省略しています。

SECTION 095 平均

第 3 章 関数を活用してデータを抽出・集計する技

曜日別にデータの平均を求める

売上表から曜日別の売上集計表を作成したいときは、日付から曜日を取り出すための作業列を用意し、作業列に表示した曜日を使って集計します。ここでは、曜日を求めるのにTEXT関数を使い、AVERAGEIF関数で集計しています。

≫ TEXT関数とAVERAGEIF関数を組み合わせる

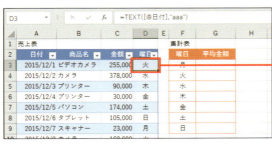

❶ SECTION 075 の手順❶〜❹に従って TEXT 関数を設定します。

MEMO TEXT関数
「値」で指定した数値を、「表示形式」で指定した書式で文字列に変換します（P.133参照）。
=TEXT(値,表示形式)

❷ 結果を表示するセル（ここではセル G3）に「=AVERAGEIF(売上 TB[曜日],F3, 売上 TB[金額])」と入力して、

❸ Enter キーを押すと、

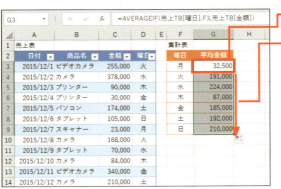

❹ 曜日別の売上平均が表示されます。

❺ セル G3 の式を下方向（ここではセル G9 まで）にコピーします。

MEMO 入力した関数の意味
「売上TB」テーブルの「曜日」列（売上[曜日]）の中から、セルF2（月）を検索し、見つかった行に対応する「売上」テーブルの「金額」列（売上[金額]）の平均値を求めます。

第 3 章　関数を活用してデータを抽出・集計する技

SECTION 096　平均

複数の条件に一致するデータの平均を求める

複数の条件に一致するデータの平均値を求めるには、AVERAGEIFS関数を使います。ここでは、＜関数の挿入＞を使ってAVERAGEIFS関数の設定手順を確認しながら、地区が「東京」で、性別が「男」と「女」の平均年齢をそれぞれ求めてみましょう。

≫ 東京都の男女別の平均年齢を求める

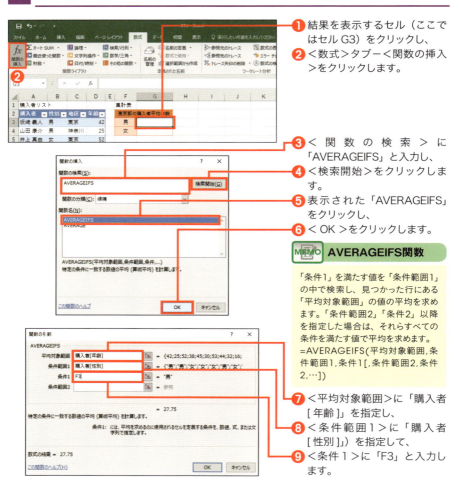

1. 結果を表示するセル（ここではセルG3）をクリックし、
2. ＜数式＞タブー＜関数の挿入＞をクリックします。
3. ＜関数の検索＞に「AVERAGEIFS」と入力し、
4. ＜検索開始＞をクリックします。
5. 表示された「AVERAGEIFS」をクリックし、
6. ＜OK＞をクリックします。
7. ＜平均対象範囲＞に「購入者[年齢]」を指定し、
8. ＜条件範囲1＞に「購入者[性別]」）を指定して、
9. ＜条件1＞に「F3」と入力します。

MEMO AVERAGEIFS関数

「条件1」を満たす値を「条件範囲1」の中で検索し、見つかった行にある「平均対象範囲」の値の平均を求めます。「条件範囲2」「条件2」以降を指定した場合は、それらすべての条件を満たす値で平均を求めます。
=AVERAGEIFS(平均対象範囲,条件範囲1,条件1[,条件範囲2,条件2,…])

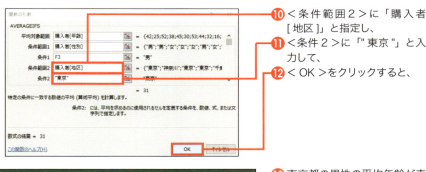

⓾ <条件範囲2>に「購入者[地区]」と指定し、

⓫ <条件2>に「"東京"」と入力して、

⓬ <OK>をクリックすると、

⓭ 東京都の男性の平均年齢が表示されます。

⓮ セルG3の右下のフィルハンドルにマウスポインターを合わせ、下へドラッグすると、

MEMO 入力した関数の意味

「購入者」テーブルの「性別」列の値がセルF3（男）で、「地区」列の値が「東京」であるデータの、「年齢」列の値の平均値を求めます。

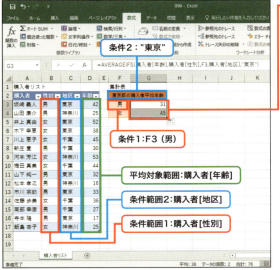

⓯ 東京都の男女別購入者の平均年齢が表示されます。

=AVERAGEIFS(購入者[年齢],購入者[性別],F3,購入者[地区],"東京")

SECTION 097 順位

第 3 章 関数を活用してデータを抽出・集計する技

上位または下位○番目のデータを取り出す

データベースの中から、数値の大きいほうから○番目のデータを取り出すには、LARGE関数を使います。小さいほうから○番目のデータを取り出すにはSMALL関数を使います。ここでは「売上の上位3位、下位3位」を求めてみましょう。

≫ 上位3位を表示する

❶ 結果を表示するセル（ここではセルF3）をクリックします。

❷ 「=LARGE(売上TB[金額],E3)」と入力し、
❸ Enter キーを押すと、

MEMO　LARGE関数

「配列」で指定した数値の中から、大きいほうから「順位」で指定した順位の数値を取り出します。「順位」は数値で指定します。
=LARGE(配列,順位)

❹ 順位に対応する金額がセルF3に表示されます。
❺ セルF3の右下のフィルハンドルを下へドラッグしてコピーします。

MEMO　入力した関数の意味

「売上TB」テーブルの「金額」列の中で、大きいほうからセルE3（1）番目の値を求めます。

≫ 下位3位を表示する

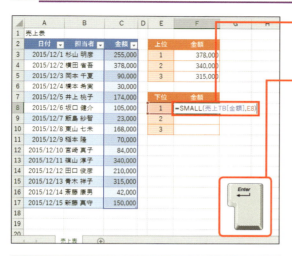

❶ 結果を表示するセル（ここではセル F8）に「=SMALL(売上 TB[金額],E8)」と入力して、

❷ Enter キーを押すと、

MEMO SMALL関数

「配列」で指定したセル範囲の中から、小さいほうから「順位」で指定した順位の数値を取り出します。「順位」は数値で指定します。
=SMALL(配列,順位)

❸ 順位に対応する金額がセル F8 に表示されます。

❹ セル F8 の右下のフィルハンドルを下へドラッグしてコピーします。

MEMO 入力した関数の意味

「売上TB」テーブルの「金額」列の中で、小さいほうからセルE8（1）番目の値を求めます。

📎 COLUMN

同じ数値をどのように扱うか

LARGE関数、SMALL関数ともに、大きいほう、小さいほうから数えて指定した順番に値をそのまま取り出します。その結果、同じ数値のデータがあった場合も異なる順位として取り出されます。

第 3 章 関数を活用してデータを抽出・集計する技

SECTION 098 データに対応する値を表示する

データの抽出

上位や下位の数値を取り出した後、それに対応する名前を表示すれば、ランキング表が作成できます。INDEX関数とMATCH関数を使えば、表内のデータに対応する値を取り出せます。ここでは、上位3位のランキング表を作成してみましょう。

≫ INDEX関数とMATCH関数を組み合わせる

❶ 結果を表示するセル（ここではセルG3）に「=INDEX(」と入力し、

❷ 担当者を検索するテーブルの列（ここでは「売上TB[担当者]」）を指定して「,」（カンマ）を入力します。

📎 COLUMN

INDEX関数

「配列」で指定したテーブルまたは配列から「行番号」と「列番号」の交差する位置にある要素の値を返します。右図のINDEX関数では、「売上TB」テーブルの「担当者」列から「2」行目の値を取り出しています。ここでは、行番号を「2」と直接指定していますが、MATCH関数を使って上位1位の金額「378,000」が何番目にあるかを調べます。

書式：=INDEX(配列,行番号[,列番号])
引数： 配 列　取り出したいデータのあるセル範囲。
　　　 行番号　「配列」の中で抽出する行番号を数値で指定。
　　　 列番号　「配列」の中で抽出する列番号を数値で指定。「配列」が1列の場合は省略可。

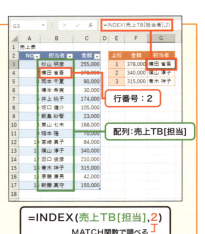

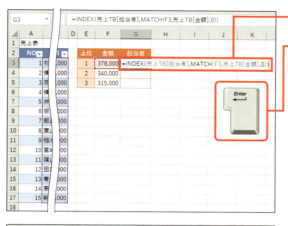

❸ 続けて「MATCH(F3, 売上TB[金額],0))」と入力し、
❹ Enter キーを押すと、

MEMO 入力した関数の意味

「売上TB」テーブルの「金額」列の中で、セルF3の値を完全一致（0）で検索し、一致した値が上から何番目にあるかを求めます。

❺ 金額に対応する担当者がセルG3に表示されます。
❻ セルG3の右下のフィルハンドルを下へドラッグしてコピーします。

COLUMN

MATCH関数

「検査範囲」の中から「照合の種類」に基づき、「検査値」を検索し、見つかったセルの位置を返します。右図では、「売上TB」テーブルの「金額」列の中から、セルF3（378,000）と完全一致するセルの位置を求めています。

書式：=MATCH(検査値,検査範囲[,照合の種類])
引数：検査値　　「検査範囲」の中で検索する値を指定
　　　検査範囲　検索するセル範囲
　　　照合の種類　1または省略した場合は、「検査値」以下の最大の値、0の場合は、「検索値」と完全一致する値、-1の場合は、「検索値」以上の最小の値を検索します。

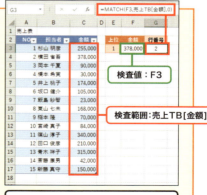

SECTION 099 順位

順位を表示する

成績表などで、データの順位を求めたいことがあります。順位を求めるには、RANK.EQ関数、RANK関数があります。数値の小さい順（昇順）の順位、または大きい順（降順）の順位を求めることができます。ここでは、営業の成績順位を求めてみましょう。

≫ 営業成績の順位を表示する

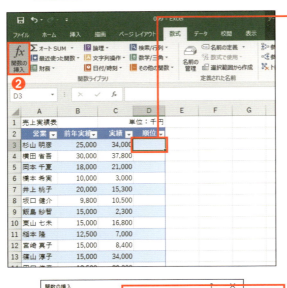

❶ 結果を表示するセル（ここではセルD3）をクリックし、
❷ ＜数式＞タブー＜関数の挿入＞をクリックします。

MEMO RANK.EQ関数

「数値」が、「参照」で指定したセル範囲の中で何番目になるかを調べます。「順序」が0または省略した場合は降順、1の場合は昇順で順序を調べます。
=RANK.EQ(数値,参照[,順序])

❸ ＜関数の検索＞に「RANK.EQ」と入力し、
❹ ＜検索開始＞をクリックします。
❺ 表示される「RANK.EQ」（またはRANK）をクリックし、
❻ ＜OK＞をクリックします。

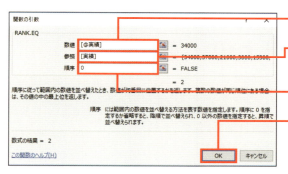

❼ 順位を付ける数値のセル（ここでは [@実績]）を指定し、

❽ 順位を付ける元となるセル範囲（ここでは「[実績]」）を指定して、

❾ ＜順序＞に「0」（大きい順）と入力し、

❿ ＜ OK ＞をクリックすると、

> **MEMO [@実績]、[実績]の意味**
>
> 「@」はこの行（数式を入力するセルと同じ行）という意味で、[@実績]はこの行の「実績」列のセルを参照する構造化参照です。[実績]は、セルのあるテーブルの「実績」列を意味する構造化参照です。

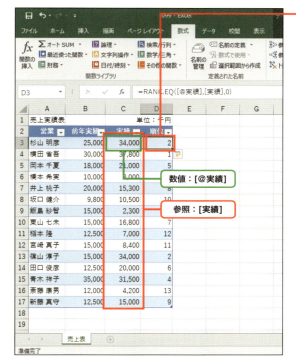

⓫ 順位が表示されると同時に列全体にコピーされます。

> **MEMO RANK関数**
>
> RANK関数は、RANK.EQ関数の互換性関数で、まったく同じ動作をします。RANK.EQ関数はExcel 2010以降に追加されているため、Excel 2007で使用する場合はRANK関数を使いましょう。

> **MEMO 入力した関数の意味**
>
> この行の「実績」列のセルの値（[@実績]）が、「実績」列（[実績]）の数値の中で降順（0）で何番目かを求めています。

=RANK.EQ([@実績],[実績],0)
　　　　　　　　　　　順序：0（降順）

SECTION 100 順位

第 3 章 関数を活用してデータを抽出・集計する技

同順位の場合は上の行を上位にする

同順位が複数ある場合、順位に対応した名前などのデータの検索がうまくできません。正しく検索するには、順位の重複が出ないようにする必要があります。ここではCOUNTIF関数を使って、上の行にあるデータを上位にして順位を調整します。

≫ COUNTIF関数を使って同順位をなくす

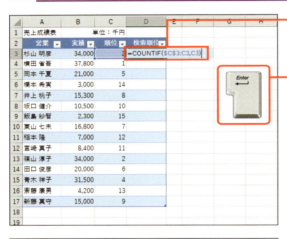

❶ 検索順位を表示する先頭セル（ここではセルD3）に「=COUNTIF($C$3:C3,C3)」と入力し、

❷ Enter キーを押すと、

MEMO 構造化参照を使用しない

ここで使用するCOUNTIF関数は、第1引数で始点を絶対参照、終点を相対参照にします。式を設定するときにセルをクリックすると構造化参照になってしまうため、ここでは、セル参照を直接入力してください。

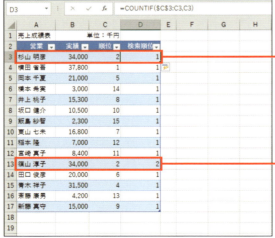

❸ 同じ順位の個数が表示されます。順位が2のデータが2件あることがわかります。

MEMO COUNTIF関数

「範囲」で指定したセル範囲の中から、「検索条件」に一致する値の件数を求めます。
=COUNTIF(範囲,検索条件)

④ 検索順位の先頭セル（ここではセル D3）をクリックし、
⑤ 数式バーで「=COUNTIF($C$3:C3,C3)-1+C3」と式を修正して、
⑥ Enter キーを押すと、

MEMO 入力した関数の意味

COUNTIF関数では同順位がない場合は1、同順位の場合は、2つ目以降から1ずつ加算された値が表示されます。そこで、同順位がない場合の1を引くことで、重複する順位だけ1ずつ加算できます。それに順位を加算すれば、重複のない順位が表示されます。

⑦ 同順位の場合に上の行が上位になるよう調整されます。

● 順位

📎 COLUMN

同順位に対応したランク表の作成

検索順位があれば、順位に重複があってもランク表を正しく作成できます。ここでは、2位が2人いますが、検索順位を使うことで、正しく営業の名前を表示することができます。

セルG3：=SMALL(売上TB[順位],F3)
意味：「売上TB」テーブルの「順位」列で、小さいほうからセルF3の値番目を表示する

セルH3：=LARGE(売上TB[実績],F3)
意味：「売上TB」テーブルの「順位」列で、大きいほうからセルF3の値番目を表示する

セルI3：=INDEX(売上TB[営業],MATCH(F3,売上TB[検索順位],0))
意味：「売上TB」テーブルの「検索順位」列からセルF3の値を検索し、見つかった行番号を返し、その行番号に対応する「営業」列の値を表示する

SECTION 101 順位

第 3 章　関数を活用してデータを抽出・集計する技

同順位の場合に別の値を考慮して順位を付ける

順位表を作るときに、同じ値が複数あっても、別の列の値を考慮して同順位にならないようにしたいことがあります。ここでは、昨年の実績からの伸び率を考慮して順位を付けてみましょう。

≫ 実績と伸び率を考慮して順位を求める

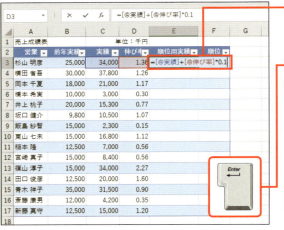

❶「順位用実績」列の先頭セル（ここではセル E3）に「=[@実績]+[@伸び率]*0.1」と入力し、

❷ Enter キーを押すと、

MEMO 入力した式の意味

ここで入力した式は、「実績」の値に、「伸び率」に0.1を掛けた値を加算しています。「伸び率」に0.1を掛けることで、小数点以下の値になります。それに実績の値を加算することで、整数部分が実績、小数部分が伸び率となり、実績が同じ場合は小数部分が大きいほうが値が大きくなります。

❸ 順位用実績の値が表示されます。

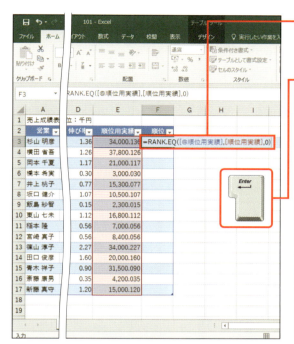

④ 順位を表示する先頭のセル(ここではセルF3)に「=RANK.EQ([@順位用実績],[順位用実績],0)」と入力し、

⑤ Enter キーを押すと、

MEMO RANK.EQ関数

「数値」が、「参照」で指定したセル範囲の中で何番目になるかを調べます。「順序」が0または省略した場合は降順、1の場合は昇順で順序を調べます。

=RANK.EQ(数値,参照[,順序])

MEMO 入力した関数の意味

関数と同じ行の「順位用実績」列のセルの値が、「順位用実績」列の値の中で降順(0)で何番目かを求めています。

⑥ 実績の値が同じ場合、伸び率が高いほうが上位に表示されます。

SECTION 102 偏差値

成績表から偏差値を求める

成績表から、各生徒の得点が全体の中のどの位置にいるのかを確認するには、偏差値を求めます。偏差値は、「(10×(得点－平均点))／標準偏差＋50」で求められます。平均点はAVERAGE関数、標準偏差はSTDEV.P関数で求めます。

≫ AVERAGE関数とSTDEV.P関数を使って偏差値を求める

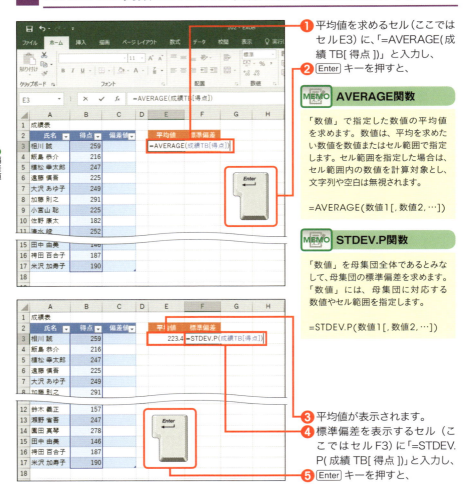

❶ 平均値を求めるセル（ここではセルE3）に、「=AVERAGE(成績TB[得点])」と入力し、
❷ Enter キーを押すと、

MEMO AVERAGE関数

「数値」で指定した数値の平均値を求めます。数値は、平均を求めたい数値を数値またはセル範囲で指定します。セル範囲を指定した場合は、セル範囲内の数値を計算対象とし、文字列や空白は無視されます。

=AVERAGE(数値1 [, 数値2, …])

MEMO STDEV.P関数

「数値」を母集団全体であるとみなして、母集団の標準偏差を求めます。「数値」には、母集団に対応する数値やセル範囲を指定します。

=STDEV.P(数値1 [, 数値2, …])

❸ 平均値が表示されます。
❹ 標準偏差を表示するセル（ここではセルF3）に「=STDEV.P(成績TB[得点])」と入力し、
❺ Enter キーを押すと、

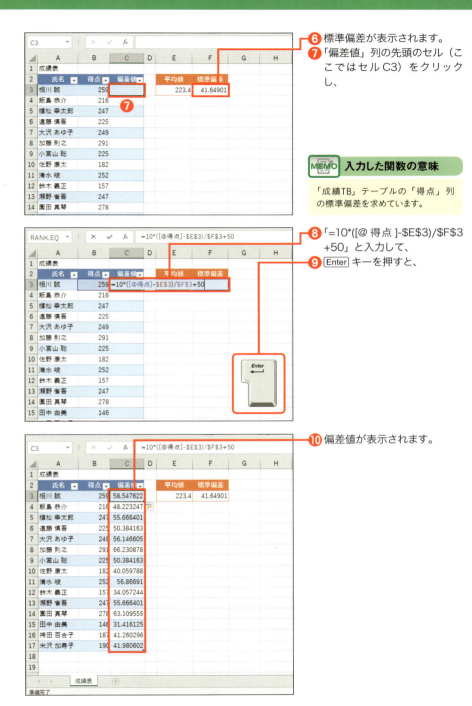

❻ 標準偏差が表示されます。
❼「偏差値」列の先頭のセル（ここではセル C3）をクリックし、

MEMO 入力した関数の意味

「成績TB」テーブルの「得点」列の標準偏差を求めています。

❽「=10*([@得点]-$E$3)/$F$3+50」と入力して、
❾ Enter キーを押すと、

❿ 偏差値が表示されます。

SECTION 103 並べ替え

第 3 章　関数を活用してデータを抽出・集計する技

「株式会社」を除いて フリガナで並べ替える

会社名を並べ替えるとき、「株式会社」を除けば正確に50音順に並べ変わります。ここでは PHONETIC関数で会社名からフリガナを取り出し、SUBSTITUTE関数でフリガナから「カブシキガイシャ」を除き、並べ替えています。

≫ PHONETIC関数とSUBSTITUTE関数で「カブシキガイシャ」を削除する

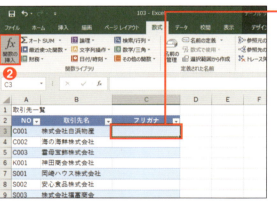

❶ 「フリガナ」列の先頭のセル（ここではセル C3）をクリックし、
❷ <数式>タブー<関数の挿入>をクリックします。

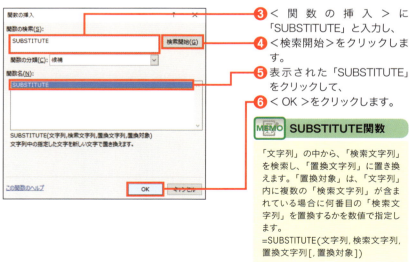

❸ <関数の挿入>に「SUBSTITUTE」と入力し、
❹ <検索開始>をクリックします。
❺ 表示された「SUBSTITUTE」をクリックして、
❻ < OK >をクリックします。

MEMO SUBSTITUTE関数

「文字列」の中から、「検索文字列」を検索し、「置換文字列」に置き換えます。「置換対象」は、「文字列」内に複数の「検索文字列」が含まれている場合に何番目の「検索文字列」を置換するかを数値で指定します。
=SUBSTITUTE(文字列, 検索文字列, 置換文字列[, 置換対象])

184

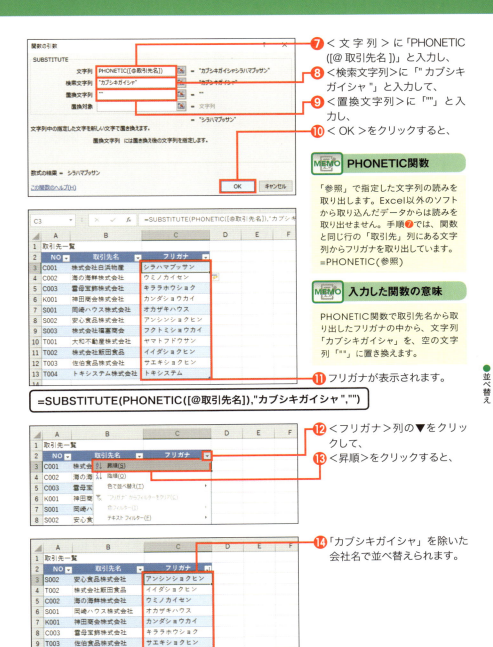

SECTION 104 VLOOKUP
別表からデータを検索して取り出す

第3章 関数を活用してデータを抽出・集計する技

売上データベースから売上NOをもとに売上日などの内容を抽出したいときは、VLOOKUP関数を使います。VLOOKUP関数は、別表にあるデータを取り出すときに使う関数です。ここではVLOOKUP関数の使い方を説明します。

≫ 売上NOから売上内容をVLOOKUP関数で抽出する

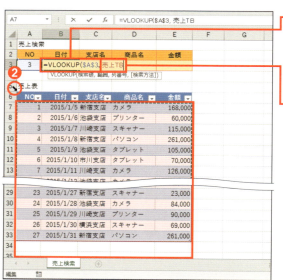

❶ 検索結果を表示したいセル（ここではセルB3）に「=VLOOKUP($A$3,」と入力し、
❷「売上TB」テーブルの左上角にマウスポインターを合わせ、↘になったらクリックすると、
❸ テーブルのデータ部分が選択され、式に「売上TB」と表示されます。

MEMO VLOOKUP関数

「検索値」の値を「範囲」の左端列で、「検索方法」で指定した方法で検索し、一致した行から「列番号」で指定した位置の値を抽出します。「検索方法」は、TRUE（または省略）、FALSEで指定します。
=VLOOKUP(検索値,範囲,列番号[,検索方法])

❹ 続けて「,2,FALSE)」と入力し、
❺ Enter キーを押すと、

MEMO 「検索方法」の指定

TRUE（または省略）にすると、検索値が見つからない場合は、検索値未満の最大値が検索されます。FALSEにすると、検索値と完全一致する値が検索され、見つからない場合は、エラー値「#N/A」が返ります。TRUE（または省略）にする場合は、範囲の左端列を昇順に並べておく必要があります。

❻ セル A3 の NO に対応する売上表の日付が表示されます。

MEMO 入力した関数の意味

検索値として指定したセルA3の値（3）と完全一致する値（FALSE）を、「売上TB」テーブルの左端列で検索し、見つかった行の2列目の値（2015/1/7）が表示されます。

❼ セル B3 の右下のフィルハンドルにマウスポインターを合わせ、セル E3 までドラッグします。
❽ ＜オートフィルオプション＞をクリックして、
❾ ＜書式なしコピー＞をクリックします。

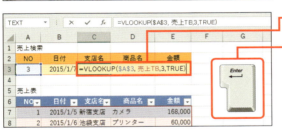

❿ セル C3 の引数「列番号」を「3」に修正し、
⓫ Enter キーを押すと、

⓬ 列番号に対応したデータが表示されます。
⓭ 同様にセル D3 は「4」、セル E3 は「5」に変更します。

COLUMN

VLOOKUP関数のしくみ

VLOOKUP関数は、第1引数で指定した「検索値」（セルA3）を第2引数で指定した「範囲」（売上TB）の左端列の中から、指定した「検索方法」（FALSE：完全一致）で検索し、見つかった行の中で指定した「列番号」(2) のデータ（2015/1/7）を表示します。

=VLOOKUP($A$3,売上TB,2,FALSE)

検索された行から指定した列番号のデータを表示

SECTION 105 VLOOKUP

エラー値が表示されないようにする

数式が何らかの理由でエラーになると、エラー値が表示されます。IFERROR関数を使えば、数式がエラー値になる場合に別の値を表示するように指定できます。ここではVLOOKUP関数でエラー値が表示される場合に、別の値に置き換えてみましょう。

» IFERROR関数でエラー値のときは何も表示しない

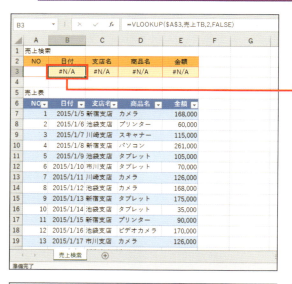

売上NOのセルが空白であるため、VLOOKUP関数が設定されているセルにエラー値「#N/A」が表示されています。

❶ エラー値が表示されているセル（ここではセル B3）をダブルクリックします。

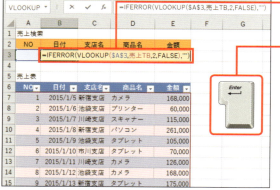

❷「=IFERROR(VLOOKUP($A$3,売上 TB,2,FALSE),"")」に修正し、

❸ Enter キーを押すと、

MEMO IFERROR関数

「値」がエラーになる場合は、「エラーの場合の値」の値を表示し、エラーにならない場合は「値」の計算結果を表示します。
=IFERROR(値,エラーの場合の値)

④ エラー値が空の文字列に置き換わります。

MEMO 入力した関数の意味

VLOOKUP関数の結果がエラーになる場合、空の文字列「""」を表示し、エラーにならない場合はVLOOKUP関数の結果を表示します。

MEMO 空の文字列

空の文字列とは、長さ0の文字列のことです。「"」(ダブルクォーテーション)を2つ並べて「""」と記述し、セルに何も表示しないときに指定します。

⑤ 他のセル(ここではセルC3～E3)も同様に式を修正します。

COLUMN

エラー値の種類

エラー値には以下のようなものがあります。

エラー値	説　明
#DIV/0!	ゼロ(0)で割り算をしている
#N/A	関数や数式に使用できる値がない
#NAME?	関数名または範囲名を間違えている
#NULL!	参照するセル範囲を間違えている
#NUM!	引数として指定できる数値の範囲を超えている
#REF!	関数や数式で参照しているセルがない
#VALUE!	関数で引数が正しく設定されていない
#########	セル幅が狭すぎるか、日付、時刻の計算結果がマイナスになっている

第 ③ 章　関数を活用してデータを抽出・集計する技

SECTION 106
VLOOKUP

複数の表からデータを取り出す

複数の表からデータを取り出したいというときは、VLOOKUP関数で検索対象となる表を、INDIRECT関数で切り替えます。INDIRECT関数で参照するセルに、テーブル名が入力されている表を作成することがポイントです。

≫ INDIRECT関数で異なるシートにあるテーブルから売上内容を抽出する

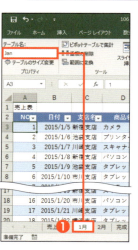

月別シートにそれぞれ月の売上表があります。1月の売上表と2月の売上表のそれぞれから、データを取り出せるようにします。

❶「1月」シートで「Jan」テーブルを確認し、
❷「2月」シートで「Feb」テーブルを確認します。

> **MEMO 範囲名のルール**
>
> テーブル名やセルの範囲名の先頭文字に数値は使えません。そのため、ここではテーブル名を英語表記で「Jan」「Feb」と指定しています。

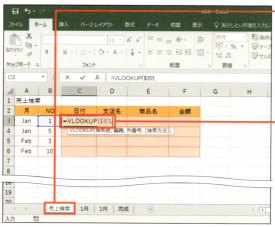

❸「売上検索」シートをクリックし、
❹ データを抽出したいセル（ここではセルC3）に、「=VLOOKUP($B3,」と入力します。

> **MEMO 切り替える表の名前**
>
> データを取り出すテーブルを切り替えるため、「月」列のように、テーブル名を表に入力しておきます。

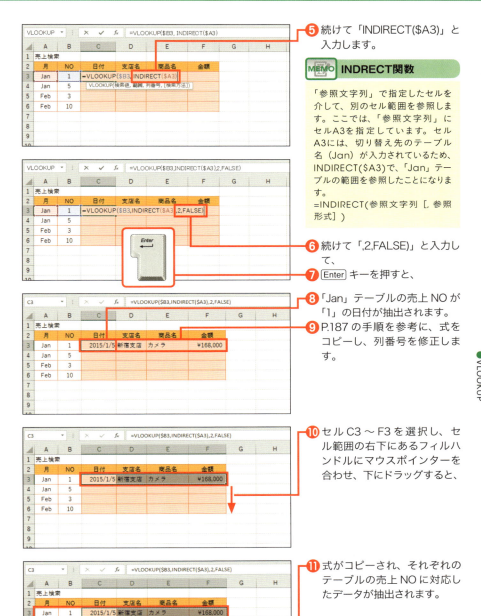

COLUMN

DATEDIF関数とTODAY関数を組み合わせる

生年月日を元に年齢の列を追加すれば、年齢別の集計ができます。ここでは、年齢を求めるDATEDIF関数の使い方を紹介します。

◆ 「生年月日」から年齢を計算する

DATEDIF関数と、今日の日付を求めるTODAY関数（P.127参照）を使うと、生年月日から満年齢を求めることができます。DATEDIF関数は、「開始日」から「終了日」までの期間の長さを「単位」で指定した期間の種類で求めます。たとえば「=DATEDIF("2015/1/7","2016/1/15","Y")」とすると、「2015/1/7」から「2016/1/15」までの経過満年数「1」が求められます。

書式：DATEDIF(開始日 , 終了日 , 単位)
引数：開始日　　開始の日付を指定
　　　終了日　　終了の日付を指定
　　　単　位　　求める期間の単位を指定

単位	内容
"Y"	満年数
"M"	満月数
"D"	総日数
"YM"	1年未満の月数
"YD"	1年未満の日数
"MD"	1か月未満の日数

D3　　=DATEDIF([@生年月日],TODAY(),"Y")

	A	B	C	D
1	顧客名簿			
2	NO	氏名	生年月日	年齢
3	1	萩原 満男	1986/11/6	29
4	2	星野 晴美	1984/5/5	31
5	3	福田 裕之	1963/1/4	52
6	4	富坂 淳子	1979/1/27	36
7	5	山岸 若葉	1975/8/10	40
8	6	土田 綾香	1979/7/8	36
9	7	桑原 彰	1962/1/8	53
10	8	梅本 恭子	1971/6/4	44
11	9	矢野 紗智子	1990/3/19	25

関数と同じ行の、「生年月日」列のセルの日付（[@ 生年月日]）と今日の日付（TODAY()）で、満何年経過（"Y"）したかを調べています。

第4章

ピボットテーブルでデータを分析する技

第 4 章 ピボットテーブルでデータを分析する技

SECTION
107
ピボットテーブル

ピボットテーブルを作成する

ピボットテーブルは、テーブルのデータを元にして作成する集計表です。ピボットテーブルを使うと、項目の入れ替え、データの絞り込みなど、いろいろな角度からデータ分析ができます。ここでは「売上TB」テーブルを元にピボットテーブルを作成してみましょう。

ピボットテーブルの作成手順を確認する

1. テーブル内でクリックします。
2. ＜挿入＞タブ－＜ピボットテーブル＞をクリックします。

3. テーブル名（ここでは「売上TB」）が表示されていることを確認し、
4. ＜新規ワークシート＞をクリックして、
5. ＜OK＞をクリックします。

MEMO 既存のワークシート

手順❹で＜既存のワークシート＞を選択すると、＜場所＞が有効になり、既存のワークシートのセルをクリックして作成場所を指定できます。1つのワークシートに複数のピボットテーブルを作成したいときなどに利用するといいでしょう。

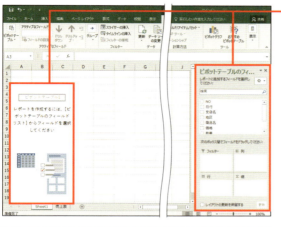

❻ ピボットテーブルの作成枠と＜フィールドリスト＞ウィンドウが表示されます。

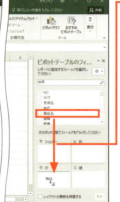

❼「商品名」を＜行＞エリアにドラッグすると、

COLUMN

＜フィールドリスト＞ウィンドウが表示されない

＜フィールドリスト＞ウィンドウは、ピボットテーブルを作成するときに使用します。ピボットテーブル内にアクティブセルがあるときに自動で表示されます。表示されていないときは、＜ピボットテーブルツール＞の＜分析＞タブ－＜表示＞－＜フィールドリスト＞をクリックして表示してください（Excel 2010では＜オプション＞タブ）。

195

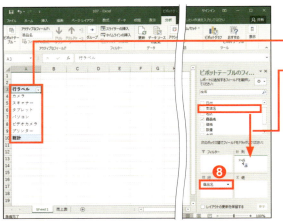

❽ <行>エリアに「商品名」が追加され、
❾ 商品名の一覧が表示されます。
❿ 「支店名」を<列>エリアにドラッグすると、

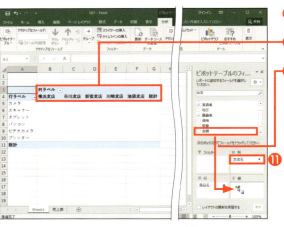

⓫ <列>エリアに「支店名」が追加され、
⓬ 支店名の一覧が表示されます。
⓭ 同様に<値>エリアに「金額」をドラッグすると、

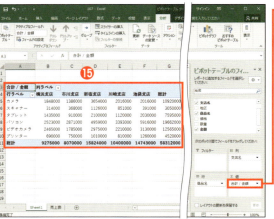

⓮ <値>エリアに「金額」が追加され、
⓯ 商品別・地区別に金額が集計されたピボットテーブルが作成されます。

MEMO 値エリアのフィールド

<値>エリアには、金額や件数など集計したい値が入力されているフィールドを追加します。フィールドを追加すると、「合計／金額」のように、集計方法とフィールド名が表示されます。

SECTION 108 ピボットテーブル

おすすめピボットテーブルでピボットテーブルを作成する

「おすすめピボットテーブル」を使うと、テーブルのデータを元に、ピボットテーブルのサンプルがいくつか表示され、サンプルをクリックするだけで自動でピボットテーブルが作成されます（Excel 2016/2013のみ）。

≫ ピボットテーブルを自動作成する

① <挿入>タブ→<おすすめピボットテーブル>をクリックします。

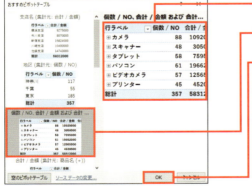

② ピボットテーブルのサンプルが表示されます。
③ 使用したいサンプルをクリックして選択し、
④ < OK >をクリックします。

⑤ ピボットテーブルが作成されます。

第 4 章　ピボットテーブルでデータを分析する技

SECTION 109 ピボットテーブル
ピボットテーブルの画面構成を知る

ピボットテーブルは、「行フィールド」「列フィールド」「値フィールド」「フィルターフィールド」という4つのフィールドで構成されています。ここでは、ピボットテーブルの各部の名称や画面構成を確認しましょう。

≫ ピボットテーブルの画面構成

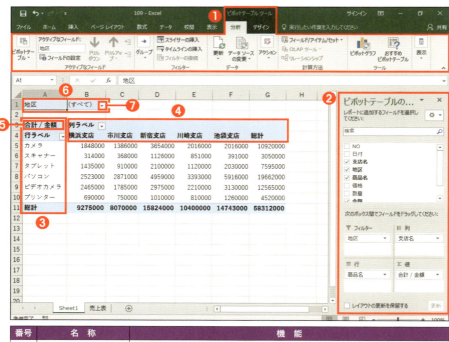

番号	名称	機能
❶	ピボットテーブルツール	ピボットテーブルを選択すると表示される、ピボットテーブルの機能を実行するボタンがまとめられているリボンで、＜分析＞タブと＜デザイン＞タブの2つのリボンがある
❷	＜フィールドリスト＞ウィンドウ	ピボットテーブルで使用するフィールドが表示され、レイアウトを設定・変更するときに使用する（P.200参照）
❸	行フィールド	行エリアに追加したフィールドのアイテムが表示される
❹	列フィールド	列エリアに追加したフィールドのアイテムが表示される
❺	値フィールド	値エリアに追加したフィールド名と集計方法が表示される
❻	フィルターフィールド	表示されているフィールドの項目を選択し、集計する値を絞り込める（P.214参照）
❼	フィルターボタン	配置しているフィールドの項目を絞り込める

198

＜フィールドリスト＞ウィンドウの画面構成

＜フィールドリスト＞ウィンドウでは、フィールドを各エリアにドラッグしてピボットテーブルにフィールドを追加します。

追加されているフィールド

メニューを表示

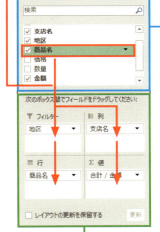

❶ フィールドセクション

ピボットテーブルの元となるテーブルや表の、フィールド名が一覧表示されます。ピボットテーブルに追加されているフィールドにはチェックが付きます。フィールド名の右端の▼をクリックするとメニューが表示され、集計に使用するレコードの絞り込みができます。

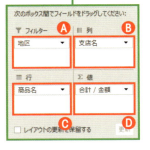

❷ レイアウトセクション

ピボットテーブルの4つの領域（フィールド）が表示され、フィールドセクションからフィールドをドラッグして各領域に追加します。ここに追加したフィールドがピボットテーブルの各領域に反映されます。

番号	名　称	機　能
Ⓐ	＜フィルター＞エリア	フィルターフィールドに表示するフィールドを追加する場所
Ⓑ	＜列＞エリア	列フィールドに表示するフィールドを追加する場所
Ⓒ	＜行＞エリア	行フィールドに表示するフィールドを追加する場所
Ⓓ	＜値＞エリア	値フィールドに表示するフィールドを追加する場所。金額や数量など集計したい値のあるフィールドを追加する

SECTION 110 集計

支店別に集計する

支店別の売上集計表のように、1つの項目で集計したいときは、<行>エリアに集計したいフィールドを配置します。続いて<値>エリアに、「金額」フィールドのような集計の対象となる数値の入ったフィールドを配置します。

≫ 支店別の売上集計表を作る

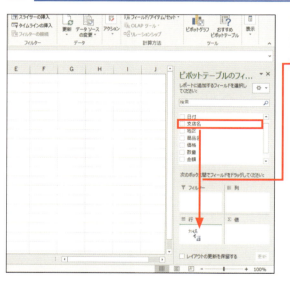

SECTION 107の手順 ❶〜❺ までを進めておきます。

❶「支店名」フィールドを<行>エリアにドラッグすると、

COLUMN

フィールドを間違えて追加してしまった！

エリアに追加したフィールドを削除するには、削除したいフィールドをクリックし、メニューから<フィールドの削除>をクリックします。または、削除したいフィールドをエリアの外にドラッグします（P.202参照）。

❶ 削除したいフィールドをクリックし、
❷ <フィールドの削除>をクリックします。

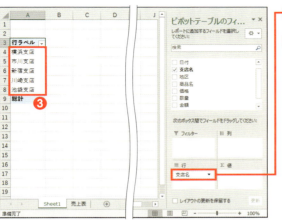

❷ <支店名>が<行>エリアに追加され、
❸ 支店名の一覧が表示されます。

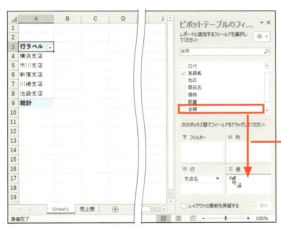

❹ 「金額」フィールドを<値>エリアにドラッグすると、

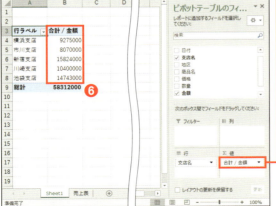

❺ <合計/金額>が<値>エリアに追加され、
❻ 支店別に売上金額が集計されます。

MEMO 桁区切りカンマの表示

桁区切りカンマを表示したい数値で右クリックし、表示されたメニューから<表示形式>をクリックして、<セルの書式設定>ダイアログボックスで設定できます（P.248参照）。

SECTION 111 集計

支店別集計から商品別集計に変更する

ピボットテーブルでは、フィールドを自由に入れ替えることができます。たとえば、支店別で集計したピボットテーブルを商品別の集計に変更して、異なる角度からデータを分析することが簡単にできます。

≫ フィールドを入れ替えて支店別から商品別に集計表を変更する

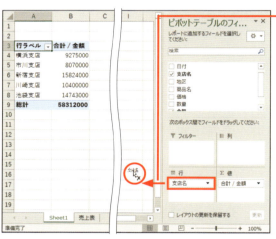

❶削除したいフィールド（ここでは「支店名」）を、マウスポインターに「×」が表示されるまでエリアの外にドラッグすると、

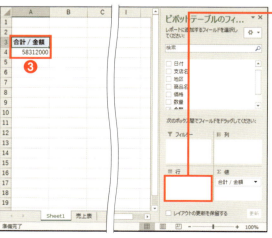

❷＜支店名＞が削除されます。
❸ピボットテーブルから＜行フィールド＞に表示されていた支店名の一覧も削除されます。

❹ 追加したいフィールド（ここでは「商品名」）を＜行＞エリアにドラッグすると、

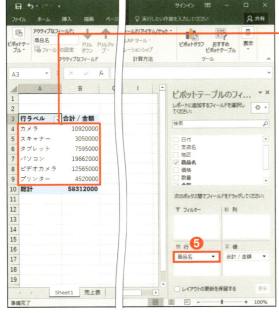

❺ 「商品名」が＜行＞エリアに追加され、
❻ 商品別の集計に変更されます。

MEMO 項目名の変更

「合計／金額」が表示されているセルをクリックし、わかりやすい項目名に変更することができます（P.209参照）。

SECTION 112 集計

商品別・地区別に集計する

商品別・地区別売上表のようなクロス集計表を作成するには、＜行＞エリア、＜列＞エリアに集計する項目（アイテム）のあるフィールドを配置し、＜値＞エリアに集計する数値のあるフィールドを配置します。

≫ 商品別・地区別のクロス集計表を作成する

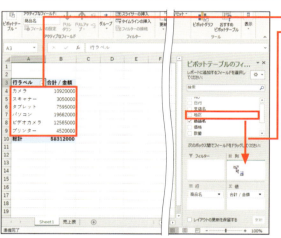

❶ 商品別に集計されています。
❷ 「地区」フィールドを＜列＞エリアにドラッグすると、

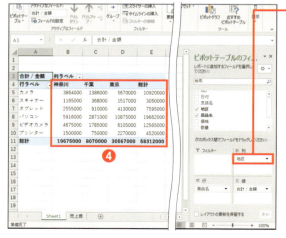

❸ ＜地区＞が＜列＞エリアに追加され、
❹ 商品別、地区別に集計されます。

MEMO 行列を入れ替える

レイアウトセクションで、＜行＞エリアにあるフィールドを＜列＞エリアに、＜列＞エリアにあるフィールドを＜行＞エリアにドラッグするだけで入れ替えられます。

SECTION 113 集計

地区別・支店別に集計する

東京の支店、神奈川の支店のように、地区別の分類に分けてその中が支店名で構成されるような階層のある集計表を作成するには、1つのエリアに複数のフィールドを配置します。ここでは、支店別集計表を地区別・支店別集計表に変更します。

≫ エリアにフィールドを追加して階層集計する

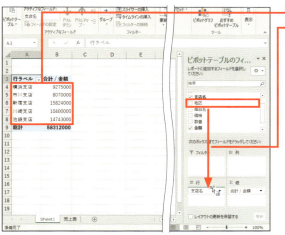

1. 支店別に集計されています。
2. 「地区」フィールドを<行>エリアの<支店名>の上にドラッグすると、

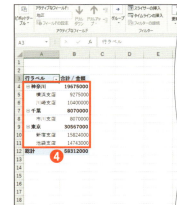

3. <地区>が<列>エリアに追加され、
4. 地区別・支店別に集計されます。

MEMO 階層化の順序

地区別、支店別のように、支店を地区という分類に分けて集計するには、1つのエリアに<地区><支店名>を配置します。エリア内に配置したフィールドは、上から順に階層化されますので、分類分けするフィールドを上に配置します。

SECTION 114 集計

数量と金額の両方で集計する

数量と金額の2つをまとめて集計表にするには、＜値＞エリアに2つのフィールドを配置します。1つの表示で数量と金額をまとめて見られるので、2つの値を比較しながら分析するのに便利です。

＞＞ ＜値＞エリアにフィールドを追加して数と金額で集計する

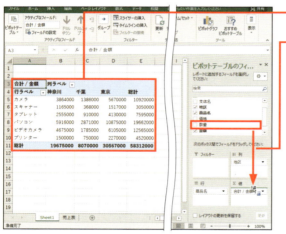

❶ 商品別・地区別の集計表があります。
❷ 「数量」フィールドを＜値＞エリアの＜合計／金額＞の上にドラッグすると、

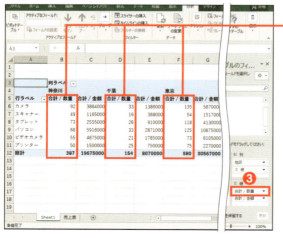

❸ ＜合計／数量＞が追加され、
❹ 数量の集計が追加されます。

COLUMN

集計結果の表示方向を変更する

数と金額のように、複数フィールドで集計するには、＜値＞エリアに集計するフィールドを追加します。このとき、自動的に＜列＞エリアか＜行＞エリアに＜Σ値＞が表示されます。下図では＜列＞エリアに表示されていますが、＜行＞エリアにドラッグして移動すると、集計結果の表示方向を変更することができます。

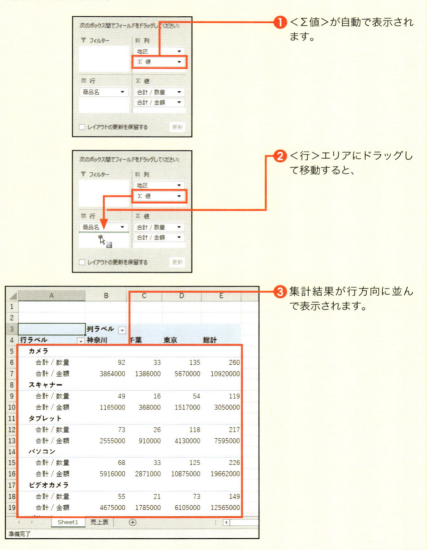

❶ ＜Σ値＞が自動で表示されます。

❷ ＜行＞エリアにドラッグして移動すると、

❸ 集計結果が行方向に並んで表示されます。

第 4 章　ピボットテーブルでデータを分析する技

SECTION 115 件数

集計表に件数を表示する

＜値＞エリアにフィールドを追加すると、そのフィールドの値の合計が表示されます。値フィールドの集計方法を変更すると、データの個数など、別の集計結果を表示することができます。ここでは、「数量」フィールドの集計方法を個数に変更します。

≫ 値フィールドの集計方法を変更して件数を表示する

商品別・地区別の数量と金額を集計したピボットテーブルがあります。ここでは、＜合計／数量＞をデータの個数に変更します。

MEMO　アクティブなフィールド

ピボットテーブル内で、アクティブセルのあるところがアクティブなフィールドとして認識され、フィールドの設定対象になります。現在のアクティブなフィールドは＜分析＞タブの＜アクティブなフィールド＞で確認できます（Excel 2010では＜オプション＞タブ）。

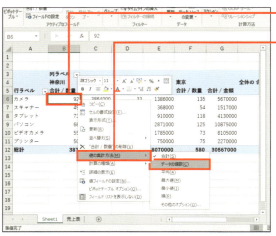

❶ ＜合計／数量＞の列内で右クリックし、

❷ ＜値の集計方法＞ー＜データの個数＞の順にクリックします。

208

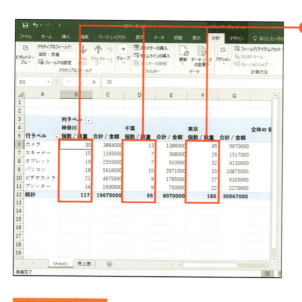

❸ 集計方法が個数になり、データの件数が表示されます。

COLUMN

＜値フィールドの設定＞ダイアログボックスで集計結果や項目名を変更する

集計方法を変更したい列内のセルをクリックし、＜分析＞タブの＜フィールドの設定＞をクリックすると、＜値フィールドの設定＞ダイアログボックスが表示されます（Excel 2010では＜オプション＞タブ）。＜値フィールドの設定＞ダイアログボックスの＜集計方法＞タブで計算方法を選択します。また、＜名前の指定＞で、ピボットテーブルに表示する項目名を変更することができます（P.246参照）。

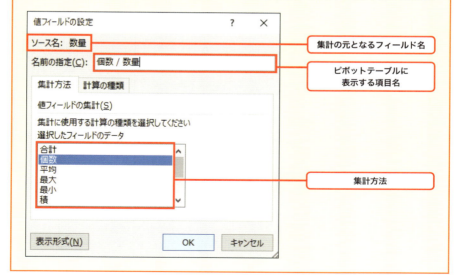

SECTION 116 地区別集計結果の内訳を調べる

詳細データ

ピボットテーブルの集計結果で数値が極端に多かったり、少なかったりしたときは、集計の内訳を表示すると、原因を突き止めるのに役立ちます。このように、集計結果の詳細を表示することを「ドリルダウン」といいます。

≫ 地区別集計の内訳を表示する

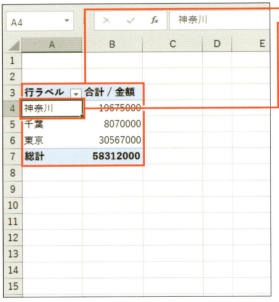

❶ 地区別の集計表があります。
❷ 詳細を表示したい地区名（ここでは「神奈川」）をダブルクリックします。

MEMO シートが追加された場合

ドリルダウンするときは、項目名をダブルクリックします。数値部分をダブルクリックすると、その数値の明細の表が新しいワークシートに表示されます。間違えた場合は、＜元に戻す＞をクリックして操作をやり直します。

❸ 詳細データを表示するフィールド（ここでは「支店名」）をクリックし、
❹ ＜ OK ＞をクリックすると、

❺ 詳細（ここでは、神奈川県内の支店ごとの売上）が表示されます。

❻ さらに詳細を表示するには、表示された項目（ここでは「横浜支店」）をダブルクリックします。

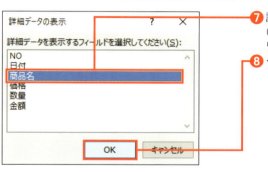

❼ 詳細を表示したいフィールド（ここでは「商品名」）をクリックして、

❽ < OK >をクリックすると、

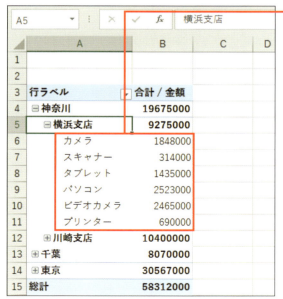

❾ 詳細（ここでは、横浜支店の商品の売上）が表示されます。

MEMO [＋]と[－]の役割

ドリルダウンをして詳細を表示すると、項目の前に[＋][－]が表示されます。[＋]をクリックすると、詳細が表示され、[－]をクリックすると詳細が非表示になります。

第 4 章　ピボットテーブルでデータを分析する技

SECTION 117 詳細データ

詳細データを非表示にする

詳細データを表示していると、集計の詳細が確認できます。詳細が必要なくなったら、折りたたんで上の階層の項目だけを表示しましょう。このように、詳細を非表示にし、上の階層の集計だけを表示することを「ドリルアップ」といいます。

≫ 詳細データを非表示にする

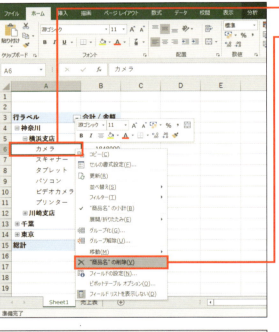

❶ 非表示にしたいデータ（ここでは商品名）で右クリックし、
❷ <"フィールド名"の削除>（ここでは<"商品名"の削除>）をクリックすると、

❸ 詳細データが削除され、上の階層の集計のみ表示されます。

SECTION 118 集計元の変更

第 4 章 ピボットテーブルでデータを分析する技

集計元のデータの範囲を変更する

ピボットテーブルの集計元となるデータ範囲を変更したり、テーブルを変更したりするには、データソースを変更します。集計元となるデータを1月のものから、2月のものに変更したいとき、データソースを変更すれば、ピボットテーブルを作り直す必要がありません。

≫ データソースを変更する

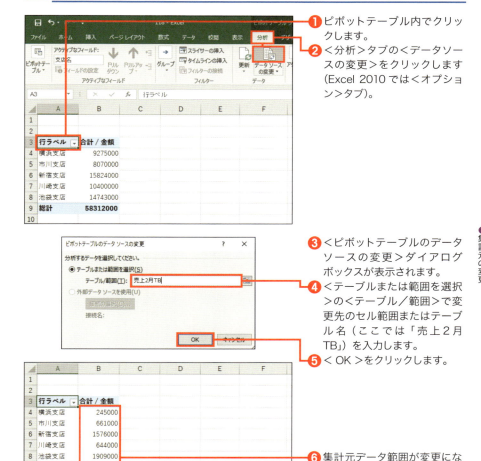

❶ ピボットテーブル内でクリックします。
❷ <分析>タブの<データソースの変更>をクリックします（Excel 2010では<オプション>タブ）。

❸ <ピボットテーブルのデータソースの変更>ダイアログボックスが表示されます。
❹ <テーブルまたは範囲を選択>の<テーブル／範囲>で変更先のセル範囲またはテーブル名（ここでは「売上2月TB」）を入力します。
❺ <OK>をクリックします。

❻ 集計元データ範囲が変更になり、集計結果も変更されます。

SECTION 119 フィルター

第 4 章　ピボットテーブルでデータを分析する技

支店ごとに集計表を表示する

＜フィルター＞エリアにフィールドを追加すると、ピボットテーブルのフィルターフィールドに配置されます。「支店名」フィールドを追加すると、全店舗の集計だけでなく、店舗別の集計も表示することができます。

≫ ＜フィルター＞エリアに「支店名」フィールドを追加する

❶ 商品別の集計表があります。

❷ ＜支店名＞を＜フィルター＞エリアにドラッグすると、

❸ フィルターフィールドに＜支店名＞が追加されます。

④ ▼をクリックし、
⑤ 支店名（ここでは＜新宿支店＞）をクリックして、
⑥ ＜ OK ＞をクリックすると、

> **MEMO 複数の支店で絞り込む**
>
> ＜複数のアイテムを選択＞をクリックしてチェックを付けると、複数のフィールドを選択できるようになります。

⑦ 選択した支店名で集計されます。

🅢 COLUMN

スライサーを使って集計対象を絞り込む

スライサーを使うと、集計対象となる項目がボタンとして表示され、クリックするだけでその項目で集計された表を表示できます。＜分析＞タブの＜スライサーの挿入＞をクリックし、一覧からフィールドにチェックを付け、＜OK＞をクリックします（Excel 2010では＜オプション＞タブ）。選択したフィールドのスライサーが表示されたら、項目をクリックして表を絞り込みます（P.082～P.086参照）。

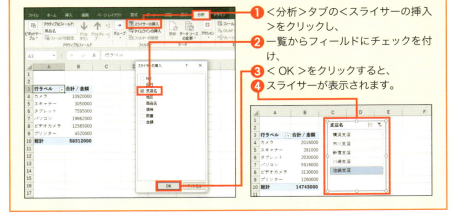

❶ ＜分析＞タブの＜スライサーの挿入＞をクリックし、
❷ 一覧からフィールドにチェックを付け、
❸ ＜ OK ＞をクリックすると、
❹ スライサーが表示されます。

SECTION 120 フィルター

支店ごとの集計表を別シートに展開する

フィルターフィールドに配置されたフィールドの項目ごとの集計表を、別シートに作成することができます。ここではフィルターフィールドに配置された「支店名」フィールドの各項目で作成した集計表を、別シートに展開します。

≫ フィルターフィールドの各項目の集計表を別シートに出力する

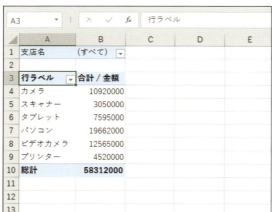

＜フィルターフィールド＞に＜支店名＞が配置されています。

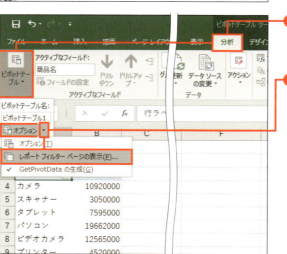

❶ ＜分析＞タブの＜ピボットテーブル＞をクリックし（Excel 2010では＜オプション＞タブ）、

❷ ＜オプション＞の▼－＜レポートフィルターページの表示＞の順にクリックします。

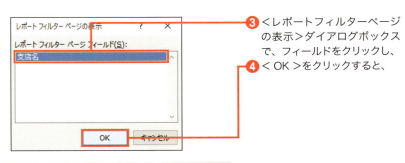

❸ <レポートフィルターページ の表示>ダイアログボックス で、フィールドをクリックし、

❹ < OK >をクリックすると、

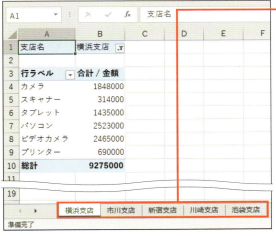

❺ 支店ごとに集計されたシート が出力されます。

COLUMN

集計データの明細を表示する

ピボットテーブルで、集計結果の数値のセルをダブルクリックすると、その集計結果の元となる明細データが新規シートに表示されます。たとえば、横浜支店のスキャナーの集計結果のセルB5をダブルクリックすると、横浜支店のスキャナーの明細が新規シートに表示されます。

❶ 横浜支店のスキャナーのセル B5をダブルクリックします。

❷ 新規シートに横浜支店のスキャナーの明細データが表示されます。

SECTION 121 集計元の変更

集計元の修正をピボットテーブルに反映する

第4章 ピボットテーブルでデータを分析する技

ピボットテーブルの集計元となるテーブルに変更があった場合、その変更はピボットテーブルには自動的に反映されません。テーブルの変更を反映させるには、ピボットテーブルで更新の操作を行う必要があります。

≫ テーブルの値を変更する

❶ 集計元テーブルのシート見出し（ここでは＜売上表＞シート）をクリックし、

❷ テーブルのデータを変更（ここでは、新宿支店のカメラの数量を「4」から「20」、金額を「168000」から「840000」に変更）します。

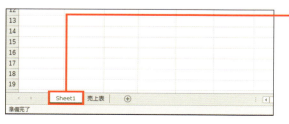

❸ ピボットテーブルのシート見出し（ここでは＜Sheet1＞シート）をクリックし、

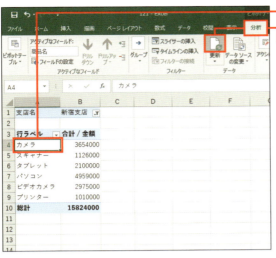

❹ ピボットテーブル内の任意のセルをクリックして、
❺ ＜分析＞タブの＜更新＞をクリックすると（Excel 2010では＜オプション＞タブ）、

❻ データが更新されます。

COLUMN

ピボットテーブルをクリアする

作成したピボットテーブルで、リセットして作り直したい場合、ピボットテーブルをクリアします。

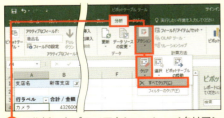
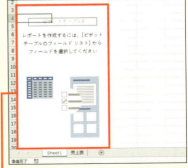

❶ ＜分析＞タブの＜アクション＞－＜クリア＞－＜すべてクリア＞の順にクリックすると、
❷ ピボットテーブルからすべてのフィールドが一気に解除されます。

SECTION 122 並べ替え

金額の大きい順・小さい順に並べ替える

集計表の数値を大きい順や小さい順に並べ替えると、データの整理や分析に役立ちます。また、階層のある集計表を階層ごとに並べ替えることもできます。ここでは、地区と商品の金額ををそれぞれ降順、昇順で並べ替えてみましょう。

≫ データを並べ替える

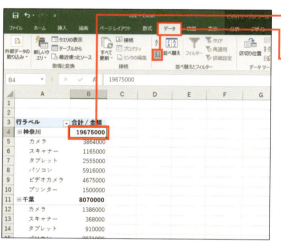

❶ 並べ替えたい分類（ここでは＜地区＞）内にある金額のいずれかのセルでクリックし、
❷ ＜データ＞タブの＜降順＞をクリックすると、

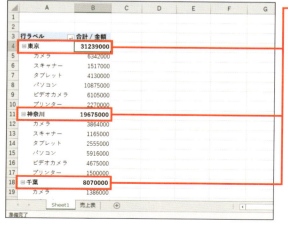

❸ 地区の金額が大きい順に並べ替わります。

④ 並べ替えたい分類（ここでは＜商品名＞）にある金額のいずれかのセルをクリックし、

⑤ ＜データ＞タブの＜昇順＞をクリックすると、

⑥ 商品がそれぞれの地区で金額の小さい順に並べ変わります。

COLUMN

列を並べ替える

列を並べ替えるには、並べ替えたい列ラベルのフィルターボタンをクリックします❶。＜昇順＞または＜降順＞をクリックすると❷、アイテムを基準に昇順、降順で並べ変わります❸。

また、集計結果を元に列を並べ替えたいときは、集計結果が表示されている行内のセルをクリックします❶。＜データ＞タブの＜昇順＞または＜降順＞をクリックすると❷、集計結果を基準に列が並べ変わります❸。

SECTION 123 任意の順番に並べ替える

並べ替え

ピボットテーブルは、降順、昇順だけでなく、ユーザー設定リストの順番に並べ替えることもできます。ここではユーザー設定リストに登録されている支店名（SECTION 027参照）の順番で並べ替えてみましょう。

ユーザー設定リストに登録した順番で並べ替える

ここでは、SECTION 027で登録した支店名の順番で並べ替えます。支店名の順番が登録されていない場合はP.056～P.057を参照してユーザー設定リストに登録しておきます。

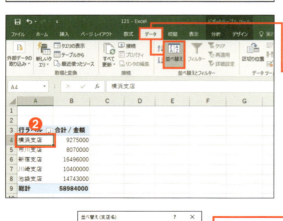

❶ ピボットテーブルのシート見出し（ここでは＜Sheet1＞シート）をクリックします。

❷ 並べ替えたい項目（ここでは支店名）をクリックし、

❸ ＜データ＞タブの＜並べ替え＞をクリックします。

❹ ＜その他のオプション＞をクリックして、

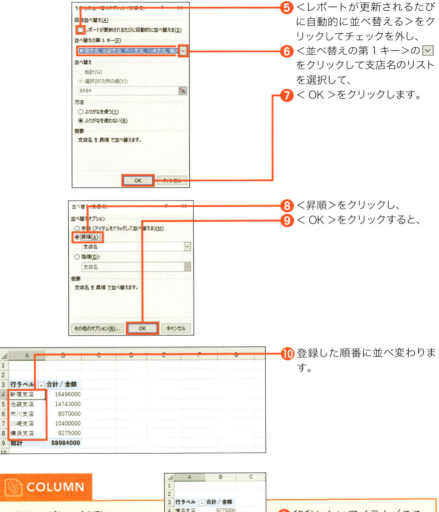

❺ <レポートが更新されるたびに自動的に並べ替える>をクリックしてチェックを外し、
❻ <並べ替えの第1キー>の⌄をクリックして支店名のリストを選択して、
❼ < OK >をクリックします。

❽ <昇順>をクリックし、
❾ < OK >をクリックすると、

❿ 登録した順番に並べ変わります。

COLUMN

ドラッグして任意の順番に並べ替える

並べ替えの機能を使わなくても、アイテムをドラッグして1つずつ移動して並べ替えることもできます。グループ化され、階層構造になっている場合でも、上の階層のアイテムを移動すると、付属する下の階層のアイテムも一緒に移動します。

❶ 移動したいアイテム（ここでは「池袋支店」）をクリックし、境界線にマウスポインターを合わせての形になったらドラッグします。
❷ 移動先に挿入ラインが表示されたら、マウスのボタンを離します。

SECTION 124 集計

日付を月や四半期にまとめて集計する

Excel 2016では、日付を＜行＞エリアまたは＜列＞エリアに追加すると、自動的に月単位でまとめられ、月別の集計結果が表示されます。日付は四半期や年など、いろいろな単位でまとめて集計できます。Excel 2013/2010では、手動でまとめます。

日付をグループ化して集計する

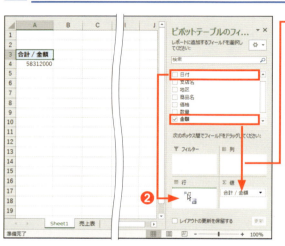

❶ 「金額」フィールドを＜値＞エリアにドラッグして追加し、

❷ 「日付」フィールドを＜行＞エリアにドラッグすると（Excel 2013/2010では、この後手順❺に進みます）、

MEMO 日付の表示が不要

月の集計結果だけで日付の表示が不要のときは、＜行＞エリアから＜日付＞を削除します。＜月＞だけが残り、[＋]の表示も消えます。必要であれば、再び＜日付＞を追加すれば元に戻ります。

❸ 月別にグループ化され月ごとの集計表が作成されます。

❹ ＜行＞エリアに「日付」フィールドが追加され、自動的に「月」フィールドが追加されています。

MEMO 日付の表示

月名の左側にある[＋]をクリックすると、日付別の集計が表示されます。すべての日付をまとめて表示するには、＜分析＞タブの＜フィールドの展開＞をクリックします。＜フィールドの折りたたみ＞をクリックすると詳細がまとめて折りたたまれます。

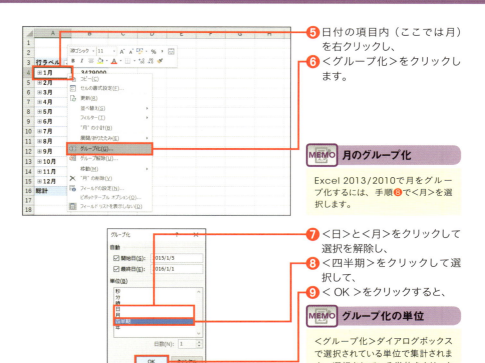

❺ 日付の項目内（ここでは月）を右クリックし、

❻ ＜グループ化＞をクリックします。

> **MEMO 月のグループ化**
>
> Excel 2013/2010で月をグループ化するには、手順❽で＜月＞を選択します。

❼ ＜日＞と＜月＞をクリックして選択を解除し、

❽ ＜四半期＞をクリックして選択して、

❾ ＜OK＞をクリックすると、

> **MEMO グループ化の単位**
>
> ＜グループ化＞ダイアログボックスで選択されている単位で集計されます。選択されている単位をクリックすると、選択が解除されます。複数の単位を選択した場合は、大分類、中分類のように階層構造で集計されます。

❿ 四半期単位で集計されます。

COLUMN

週単位で集計する

1週間単位で集計したいときは、❶＜開始日＞に日曜日となる日（ここでは2015/11/29）、＜終了日＞に土曜日になる日（ここでは2016/1/2）を指定し、❷単位を＜日＞にして、❸＜日数＞を「7」に指定します。❹集計結果に開始日以前、終了日後の集計結果がまとめて表示されるので、フィルターで非表示にします（P.228参照）。

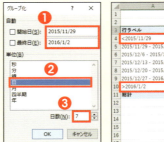

第 4 章　ピボットテーブルでデータを分析する技

SECTION 125 集計
指定した期間のデータを集計する

＜タイムライン＞を使うと、指定した期間での集計を簡単な操作で実行できます。タイムラインは日付を絞り込むための機能で、日付のバーをドラッグするだけで、期間の指定ができます。期間を指定する手間が省けるので、使いこなしていきましょう（Excel 2016/2013のみ）。

≫ タイムラインを使って自由な期間で集計する

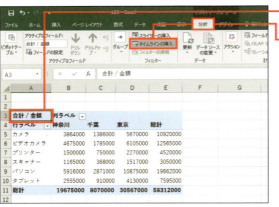

❶ ピボットテーブル内の任意のセルをクリックし、
❷ ＜分析＞タブの＜タイムラインの挿入＞をクリックします。

❸ ＜日付＞をクリックしてチェックを付け、
❹ ＜ OK ＞をクリックすると、

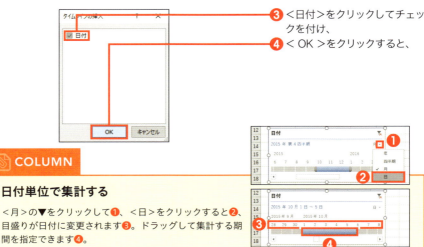

COLUMN

日付単位で集計する

＜月＞の▼をクリックして❶、＜日＞をクリックすると❷、目盛りが日付に変更されます❸。ドラッグして集計する期間を指定できます❹。

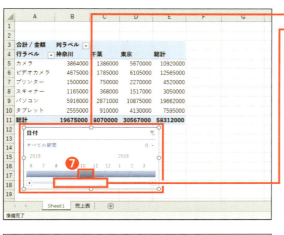

❺ タイムラインが表示されます。
❻ ここをドラッグしてスクロールし、
❼ 絞り込みたい月（ここでは2015年10月）をクリックすると、

MEMO タイムラインの非表示

タイムラインを選択し、周囲に「○」が表示されている状態でDeleteキーを押します。

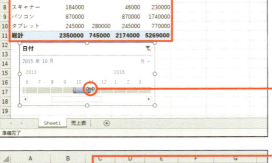

❽ クリックした月の集計値が表示されます。
❾ ここをドラッグして期間を変更すると、

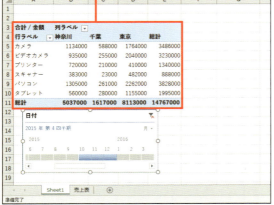

❿ 指定した期間（ここでは10月〜12月）で集計されます。

MEMO 集計期間の解除

タイムラインの右上にあるアイコン（▼）をクリックすると、集計期間が解除されます。

SECTION 126 フィルター

特定のアイテムだけを表示する

第 4 章　ピボットテーブルでデータを分析する技

フィルター機能を使うと、ピボットテーブルの＜行フィールド＞や＜列フィールド＞に配置されたフィールドのアイテムを絞り込み、必要なアイテムだけを表示した集計表を作成できます。ここでは、選択した商品だけを表示してみましょう。

≫ フィルターで特定の商品だけを表示する

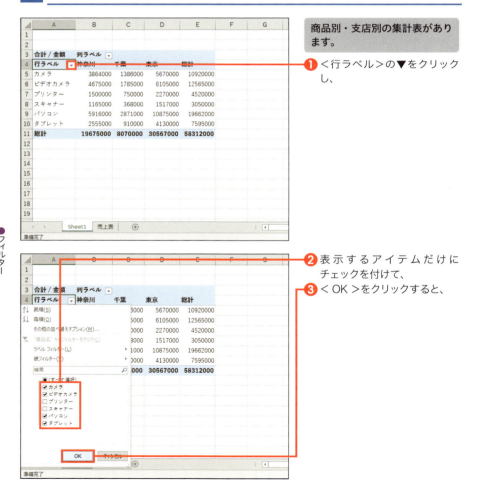

商品別・支店別の集計表があります。

❶ ＜行ラベル＞の▼をクリックし、

❷ 表示するアイテムだけにチェックを付けて、

❸ ＜ OK ＞をクリックすると、

❹ 指定したアイテムだけが表示されます。

> **COLUMN**
>
> ### キーワードを入力して集計する
>
> キーワードを入力して集計するには、ラベルの▼をクリックし❶、表示されるメニューの＜検索＞ボックスにキーワード（ここでは「カメラ」）を入力します❷。＜OK＞をクリックすると❸、キーワードを含むアイテムだけが表示されます❹。
>
>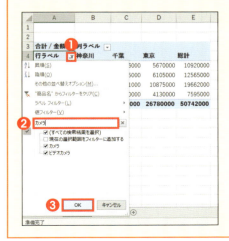

SECTION 127 売上金額トップ3のアイテムのみ集計する

フィルター

集計表の中から、金額が大きいものから上位3アイテム（項目）だけの集計を表示したいときは、＜値フィルター＞の＜トップテンフィルター＞を使います。上位や下位の項目、パーセントで指定して抽出し、集計できます。

≫ トップテンフィルターを使って上位3アイテムで集計する

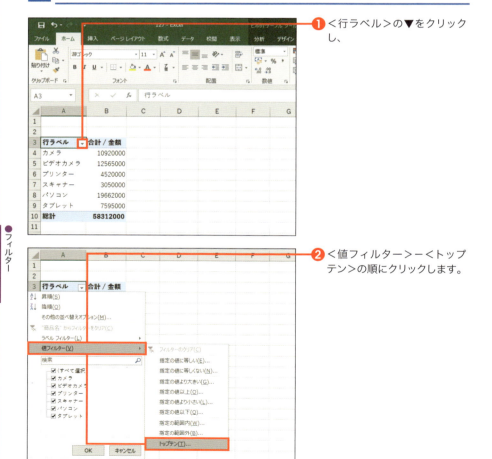

❶ ＜行ラベル＞の▼をクリックし、

❷ ＜値フィルター＞－＜トップテン＞の順にクリックします。

❸「3」と指定し、
❹ < OK >をクリックすると、

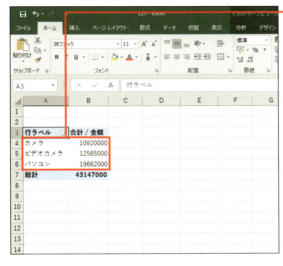

❺ 金額が上位3件の商品だけが表示されます。

> 📎 **COLUMN**
>
> **フィルターを解除する**
>
> フィルターを解除してすべてのアイテムを表示するには、<行ラベル>の ▼ をクリックし❶、<"フィールド名"からフィルターをクリア>（ここでは<"商品名"からフィルターをクリア>）をクリックします❷。
>
>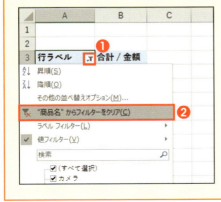

231

SECTION 128 フィルター

キーワードに一致する商品のみ集計する

＜ラベルフィルター＞を使うと、キーワードを含むアイテムに絞って集計できます。キーワードと完全一致するもの、含まないもの、始まるものなど、いろいろな方法でキーワードを指定し、アイテムを絞り込んで集計できます。

≫ キーワードで終わる商品の集計を表示する

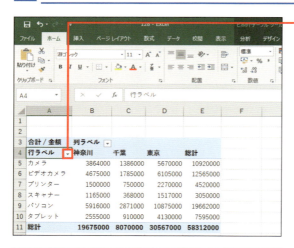

❶ ＜行ラベル＞の▼をクリックし、

❷ ＜ラベルフィルター＞－＜指定の値で終わる＞の順にクリックします。

MEMO 条件の種類

ここでは「指定の値で終わる」を選択していますが、それ以外にもさまざまな条件が用意されています。目的に合う条件を選択してください。

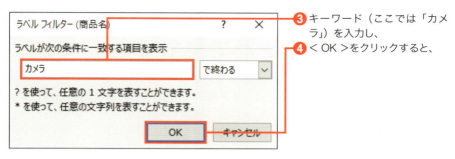

❸ キーワード（ここでは「カメラ」）を入力し、
❹ < OK >をクリックすると、

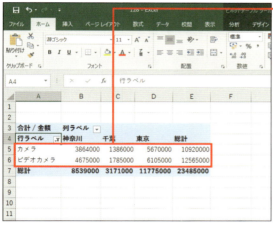

❺ 指定したキーワード（ここでは「カメラ」）で終わるアイテムで集計されます。

COLUMN

フィルターをまとめて解除する

行フィールドと列フィールドの両方でフィルターを実行しているようなとき、実行しているすべてのフィルターをまとめて解除するには、＜分析＞タブの＜アクション＞－＜クリア＞－＜フィルターのクリア＞をクリックします（Excel 2010では＜オプション＞タブ）。

❶ ＜分析＞タブの＜アクション＞－＜クリア＞－＜フィルターのクリア＞の順にクリックすると、
❷ すべてのフィルターがいっきに解除されます。

SECTION 129 便利技

第4章 ピボットテーブルでデータを分析する技

複数のアイテムを1つにまとめて集計する

フィールド内の複数のアイテムを1つにまとめて集計するには、アイテムを「グループ化」します。たとえば、パソコンとタブレットは同じPC製品として集計したいという場合にグループ化が役に立ちます。

複数のアイテムをグループ化して集計する

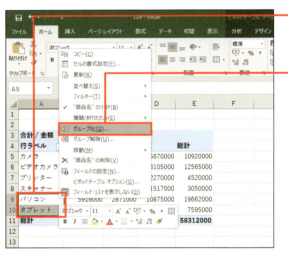

❶ まとめたいアイテム（ここでは「パソコン」と「タブレット」）を選択し、選択したアイテム内で右クリックして、

❷ <グループ化>をクリックします。

MEMO 複数アイテムの選択

複数のアイテムを選択するとき、連続していればドラッグで選択できます。離れているときは最初のアイテムをクリックし、2番目以降は[Ctrl]キーを押しながらクリックして選択します。

❸ グループ化され「グループ1」と表示されます。同時に他のアイテムも階層構造になります。

❹ 「グループ1」と表示されたセルをクリックし、

MEMO グループ化の解除

グループ化するフィールドを間違えた場合は、グループ化したアイテム（ここでは「グループ1」）を右クリックし、<グループ解除>をクリックしてグループを解除します。

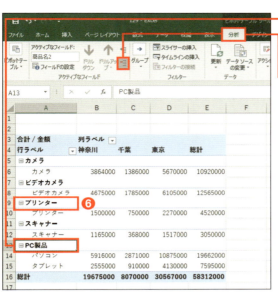

❺グループ名（ここでは「PC製品」）を入力します。
❻左に［−］が表示されているセルをクリックし、
❼＜分析＞タブの＜フィールドの折りたたみ＞をクリックすると（Excel 2010 では、＜オプション＞タブの＜アクティブなフィールド＞−＜フィールド全体の折りたたみ＞）、

❽詳細が折りたたまれます。

COLUMN

数値データをグループ化する

数値データをグループ化するには、数値のフィールドを右クリックし❶、＜グループ化＞をクリックします❷。＜グループ化＞ダイアログボックスで数値の先頭の値と末尾の値とグループ化の単位を指定し❸、＜OK＞をクリックします。

  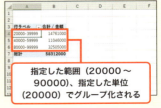

指定した範囲（20000〜90000）、指定した単位（20000）でグループ化される

SECTION 130 便利技
フィールドの値を使って計算する

＜集計フィールド＞を利用すると、消費税額を計算する、達成率を調べるなど、フィールドの値を使って計算するためのフィールドを作成できます。ここでは、「金額」フィールドを使って来期の目標額の列を追加してみましょう。

》 集計用のフィールドを追加して来期の目標額列を作る

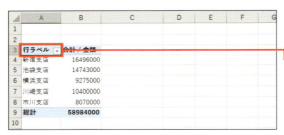

支店別売上集計されたピボットテーブルがあります。

❶ ピボットテーブル内の任意のセルをクリックします。

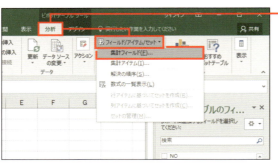

❷ ＜分析＞タブの＜フィールド／アイテム／セット＞－＜集計フィールド＞の順にクリックすると（Excel 2010では、＜オプション＞タブ－＜計算方法＞－＜フィルター／アイテム／セット＞－＜集計フィールド＞）、

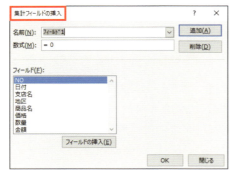

❸ ＜集計フィールドの挿入＞ダイアログボックスが表示されます。

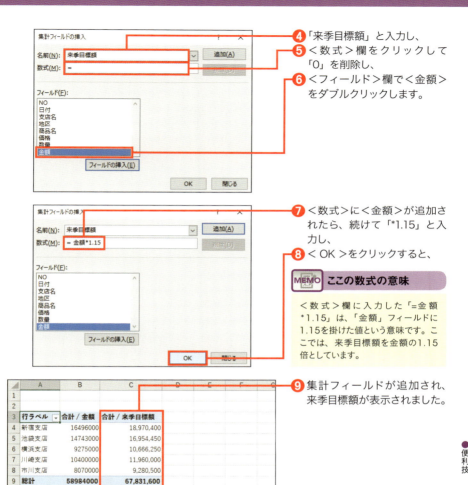

④「来季目標額」と入力し、
⑤ ＜数式＞欄をクリックして「0」を削除し、
⑥ ＜フィールド＞欄で＜金額＞をダブルクリックします。

⑦ ＜数式＞に＜金額＞が追加されたら、続けて「*1.15」と入力し、
⑧ ＜OK＞をクリックすると、

MEMO ここの数式の意味

＜数式＞欄に入力した「=金額*1.15」は、「金額」フィールドに1.15を掛けた値という意味です。ここでは、来季目標額を金額の1.15倍としています。

⑨ 集計フィールドが追加され、来季目標額が表示されました。

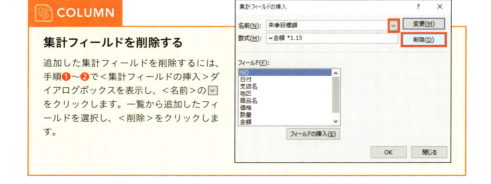

COLUMN

集計フィールドを削除する

追加した集計フィールドを削除するには、手順①～②で＜集計フィールドの挿入＞ダイアログボックスを表示し、＜名前＞の▼をクリックします。一覧から追加したフィールドを選択し、＜削除＞をクリックします。

SECTION 131 便利技

全体に対する構成比を表示する

＜値＞エリアに追加しているフィールドは、合計や件数だけでなく、全体に対する比率のような「他の値を基準に計算した結果」も表示できます。ここでは「金額」フィールドを追加して、総計に対する比率を表示してみましょう。

≫ 全体に対する構成比を追加する

月別・地区別集計表があります。

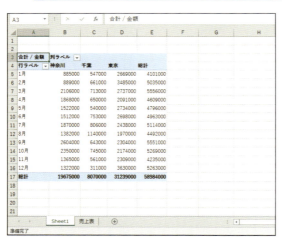

❶ 構成比を表示するため、「金額」フィールドを＜値＞エリアにドラッグします。

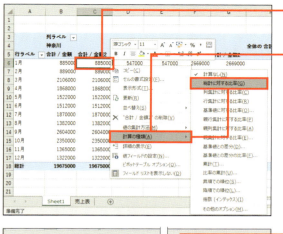

❷ 追加した列（ここでは＜合計／金額2＞）内のセルを右クリックし、

❸ ＜計算の種類＞-＜総計に対する比率＞の順にクリックすると、

❹ 総計に対する比率が各セルに表示されます。

❺ 項目のセル C5 をクリックし、「総計比」と入力すると、

MEMO 総計に対する比率

総計に対する比率は、総合計（ここではセルH18の値）に対して各セルの値（ここではセルB6など）の比率を表示しています。

❻ 項目名が「総計比」に変更されます。

SECTION 132 便利技
列集計に対する構成比を表示する

SECTION 131では総計に対する比率を表示しましたが、行方向の合計や列方向の合計に対する各アイテムの構成比を表示することもできます。数値だけではわからない割合が、計算式を設定することなく簡単に確認できます。

月別表に列集計に対する構成比を追加する

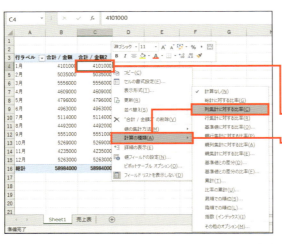

月別の集計表があります。SECTION 131の手順 ❶ 〜 ❷ を参考に、集計方法を変更するためのフィールドを追加（ここでは「金額」を＜値＞エリアに追加）しておきます。

❶ 追加した列内（ここではセルC4）を右クリックし、
❷ ＜計算の種類＞−＜列集計に対する比率＞の順にクリックします。

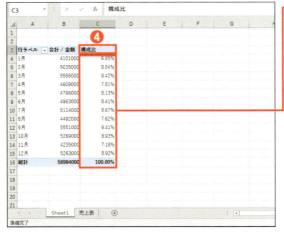

❸ 列集計に対する比率が表示されます。
❹ 項目名のセルC3をクリックし、「構成比」と入力します。

SECTION 133 便利技

基準値に対する比率を求める

行や列の合計や総合計との比率を求めるだけでなく、ひと月前の値との比率、1月の集計値に対する比率といった比率を表示することもできます。ここでは、前月に対する比率を表示してみましょう。

対前月比を「基準値に対する比率」で表示する

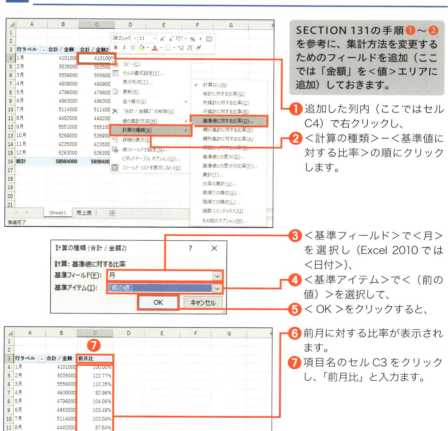

SECTION 131の手順❶〜❷を参考に、集計方法を変更するためのフィールドを追加（ここでは「金額」を<値>エリアに追加）しておきます。

❶ 追加した列内（ここではセルC4）で右クリックし、
❷ <計算の種類>−<基準値に対する比率>の順にクリックします。

❸ <基準フィールド>で<月>を選択し（Excel 2010では<日付>）、
❹ <基準アイテム>で<（前の値）>を選択して、
❺ <OK>をクリックすると、
❻ 前月に対する比率が表示されます。
❼ 項目名のセルC3をクリックし、「前月比」と入力します。

241

SECTION 134 便利技
累計を表示する

ピボットテーブルでは、計算の種類を変更するだけで簡単に累計を表示することができます。累計を表示すれば、1年目の4月時点でどれだけの売上があるのか、といったこともひと目でわかります。

≫ 月の売上の累計を表示する

① 集計方法を変更するフィールド内（ここではセルC4）を右クリックし、
② ＜計算の種類＞－＜累計＞の順にクリックします。

> SECTION 131の手順 ①～② を参考に、集計方法を変更するためのフィールドを追加（ここでは「金額」を＜値＞エリアに追加）しておきます。

③ ＜基準フィールド＞で＜月＞を選択し（Excel 2010では＜日付＞）、
④ ＜OK＞をクリックします。

⑤ 月ごとの累計が表示されます。
⑥ 項目名であるセルC3をクリックし、「累計」と入力します。

SECTION 135 便利技

順位を表示する

ピボットテーブルでは、数値の大きい順（降順）や小さい順（昇順）に順位を表示することができます。関数を設定することなく、順位を表示したいフィールドに対して計算方法を変更するだけで、簡単に順位が表示できます。

≫ 月の売上で金額の大きい順に順位を表示する

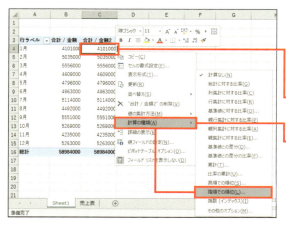

SECTION 131の手順❶～❷を参考に、集計方法を変更するためのフィールドを追加（ここでは「金額」を＜値＞エリアに追加）しておきます。

❶ 集計方法を変更するフィールド内（ここではセルC4）を右クリックし、

❷ ＜計算の種類＞－＜降順での順位＞の順にクリックします。

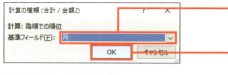

❸ ＜基準フィールド＞で＜月＞を選択し（Excel 2010では＜日付＞）、

❹ ＜OK＞をクリックすると、

❺ 金額の大きい順に順位が表示されます。

❻ 項目名であるセルC3をクリックし、「順位」と入力します。

第 4 章　ピボットテーブルでデータを分析する技

SECTION 136 便利技
小計の表示方法を変更する

複数のフィールドを各エリアに配置すると、フィールドが階層構造で表示されます。このとき、初期設定では上の階層の行や列に小計が表示されます。この小計の表示位置や表示／非表示は、簡単に切り替えられます。

≫ 小計を非表示にする

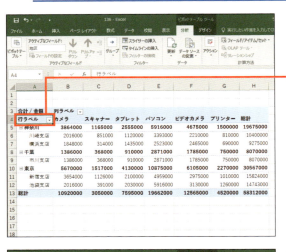

地区と支店名で階層構造になっている、商品別に集計されたピボットテーブルがあります。

❶ ピボットテーブル内の任意のセルをクリックします。

❷ ＜デザイン＞タブの＜小計＞－＜小計を表示しない＞の順にクリックすると、

MEMO 小計の再表示

小計を再表示するには、＜デザイン＞タブの＜小計＞－＜すべての小計をグループの先頭に表示する＞をクリックします。

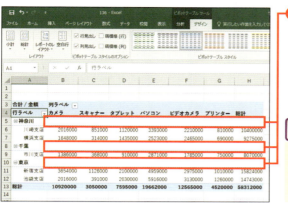

❸ 小計が非表示になります。

MEMO 総計の非表示

総計を非表示にするには、＜デザイン＞タブの＜総計＞をクリックし、表示されたメニューから表示方法を選択します。

≫ 小計を下に表示する

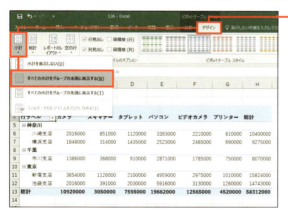

❶ ＜デザイン＞タブの＜小計＞－＜すべての小計をグループの末尾に表示する＞の順にクリックします。

❷ グループの切り替わり（ここでは地区の区切り）に小計が表示されます。

MEMO 空白行の挿入

グループの区切りに空白行を挿入すると、グループ間の間隔が広がり、表が見やすくなります。＜デザイン＞タブの＜空白行＞－＜各アイテムの後ろに空行を入れる＞の順にクリックします。

SECTION 137 項目名を変更する

便利技

第4章 ピボットテーブルでデータを分析する技

ピボットテーブルを作成すると、セルに「行ラベル」、「列ラベル」、「合計／金額」、「総計」などの項目名が自動的に表示されます。これらは別の文字列に変更できますので、印刷したときにわかりやすい項目名にしておくといいでしょう。

「行ラベル」「列ラベル」の文字を変更する

❶「行ラベル」のセル（ここではセル A4）をクリックします。

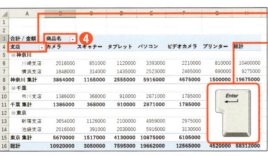

❷ 変更する文字列（ここでは「支店」）を入力し、
❸ Enter キーを押します。
❹ 同様に「列ラベル」を変更します（ここではセル B3 に「商品名」と入力）。

COLUMN

「行ラベル」や「列ラベル」を一時的に非表示にする

「行ラベル」や「列ラベル」には▼が表示されています。このボタンがあるセルは、フィールドの見出しとして扱われ、一時的に非表示にできます。＜分析＞タブの＜表示＞－＜フィールドの見出し＞の順にクリックすると（Excel 2010では＜オプション＞タブ）❶、ラベルが非表示になると同時に、▼も一緒に非表示になります❷。再表示するには、同じメニューを選択します。

》 小計行の文字を変更する

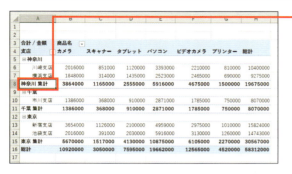

❶ 小計のセル（ここではセルA8）をクリックします。

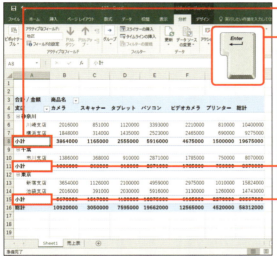

❷ 変更する文字列（ここでは「小計」）を入力し、
❸ Enter キーを押します。
❹ 文字列が変更されると同時に、他の小計の文字も書き換わります。

MEMO 「総計」の変更

総計行や総計列に表示されている文字列（ここでは「総計」）も同様に変更できます。

MEMO 「合計／金額」の非表示

「合計／金額」は、値フィールドのフィールド名です。そのため、文字を削除して空欄にできません。文字列を表示したくないときは、文字の色をセルの色と同じ色に設定しましょう。色を元に戻せば再び表示できます。

COLUMN

「値フィールドの設定」ダイアログボックスで変更する

項目名を変更したい文字列が入力されているセルを右クリックし、メニューから＜値フィールドの設定＞をクリックして表示される＜値フィールドの設定＞ダイアログボックスでも変更できます。＜ソース名＞で元となるフィールドを確認し❶、＜名前の指定＞にピボットテーブルに表示する文字列を入力して❷、＜OK＞をクリックします❸。

247

SECTION 138 便利技

第 4 章 ピボットテーブルでデータを分析する技

数値の表示形式を変更する

ピボットテーブル内の数値には、初期設定では3桁ごとの桁区切りカンマが表示されません。桁区切りカンマを表示して、数値を読みやすくしましょう。ピボットテーブル内の数値の表示形式を変更する手順は、通常の表とは異なるので注意してください。

≫ 数値に3桁ごとの桁区切りカンマを表示する

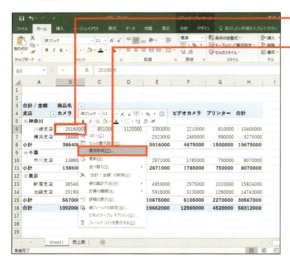

❶ 表示形式を変更したい数値のセルを右クリックし、
❷ <表示形式>をクリックします。

MEMO セルの書式設定ではない

手順❷のメニューの中に<セルの書式設定>がありますが、ここでは使いません。こちらを選択すると、通常のセルの表示形式設定になり、ピボットテーブル全体に設定できないためです。

COLUMN

独自の表示形式に変更する

独自の表示形式に変更するには、手順❷で表示した<セルの書式設定>ダイアログボックスの<ユーザー定義>で指定します。たとえば、「1,000円」のように表示したいときは、「#,##0円」と指定します。

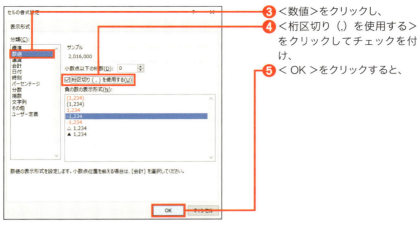

③ ＜数値＞をクリックし、
④ ＜桁区切り（,）を使用する＞をクリックしてチェックを付け、
⑤ ＜ OK ＞をクリックすると、

⑥ ピボットテーブル内の数値に3桁ごとの桁区切りカンマが表示されます。

COLUMN

＜値フィールドの設定＞ダイアログボックスから変更する

表示形式を変更したい数値のセルを右クリックし、表示されるメニューで＜値フィールドの設定＞をクリックして❶、表示される＜値フィールドの設定＞ダイアログボックスで＜表示形式＞をクリックします❷。＜セルの書式設定＞ダイアログボックスが表示され、同様に表示形式を変更できます。

第 4 章　ピボットテーブルでデータを分析する技

SECTION
139
デザイン

ピボットテーブルの
デザインを変更する

ピボットテーブルの色や罫線など、見た目のデザインを変更するには、＜ピボットテーブルスタイル＞を使います。ピボットテーブルスタイルの一覧から好きなスタイルを選択すれば、簡単にきれいな表に整えることができます。

ピボットテーブルスタイルを使ってデザインを変更する

❶ ピボットテーブル内の任意のセルをクリックし、
❷ ＜デザイン＞タブー＜ピボットテーブルスタイル＞の＜その他＞をクリックします。

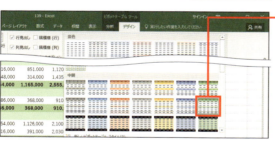

❸ 一覧の中からスタイル（ここでは「ピボットスタイル（中間）14」）をクリックすると、

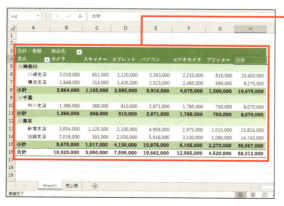

❹ スタイルが変更されます。

SECTION 140 デザイン

ピボットテーブルに1行おきに色を付ける

現在のピボットテーブルに1行おきに色を付けると、行方向の数値が読みやすくなります。1行おきの色の表示／非表示は、＜縞模様（行）＞のオン・オフで切り替えられます。現在設定されているピボットテーブルのスタイルを変更することなく簡単に操作できます。

≫ 縞模様を表示する

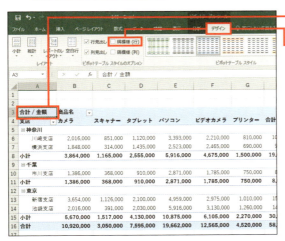

1. ピボットテーブル内でクリックします。
2. ＜デザイン＞タブの＜縞模様（行）＞をクリックします。

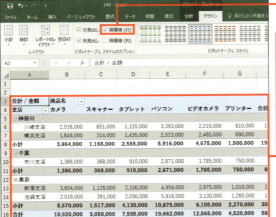

3. ＜縞模様（行）＞にチェックが付き、
4. ピボットテーブルに1行おきに色が付きます。

MEMO　1列おきに色を付ける

＜デザイン＞タブの＜縞模様（列）＞にチェックを付けると、1列おきに色を付けることができます。

251

SECTION 141 デザイン

ピボットテーブルのレイアウトを変更する

ピボットテーブルには、「コンパクト形式」「アウトライン形式」「表形式」の3つのレイアウトがあります。ピボットテーブルを最初に作ると、コンパクト形式で作成されます。レイアウトは簡単に変更できますので、目的によって使い分けましょう。

≫ アウトライン形式で表示する

「コンパクト形式」で表示されています。

❶ ピボットテーブル内の任意のセルをクリックします。

MEMO コンパクト形式
小計が上に表示され、グループ化されている分類（地区）とアイテム（支店名）が同じ列に表示されます。

❷ <デザイン>タブの<レポートのレイアウト>→<アウトライン形式で表示>の順にクリックすると、

❸ 「アウトライン形式」に変更され、<地区>と<支店名>が別の列になります。

MEMO アウトライン形式
グループ化されている分類とアイテムが別の列で表示されます。

表形式で表示する

❶ ＜デザイン＞タブの＜レポートのレイアウト＞－＜表形式で表示＞の順にクリックすると、

❷ 「表形式」に変更され、＜小計＞が下に移動します。

MEMO 表形式

アウトライン形式と同様に、グループ化されている分類とアイテムが別の列で表示され、かつ、小計が下に表示されます。

 COLUMN

項目を複数セルの中央に表示する

ピボットテーブルでは、通常の書式設定ではセルを結合することができません。レイアウトが表形式のとき、分類の項目を複数セルの中央に表示したいときは、ピボットテーブルのオプションで設定できます。ピボットテーブル内で右クリックし、＜ピボットテーブルオプション＞をクリックして＜ピボットテーブルオプション＞ダイアログボックスを表示し、＜レイアウトと書式＞タブの＜セルとラベルを結合して中央揃えにする＞にチェックを付けます。

複数セルの中央に文字列が表示されます。

SECTION 142 印刷

第 4 章　ピボットテーブルでデータを分析する技

グループが切り替わるたびに改ページして印刷する

ピボットテーブルを印刷するときに、グループが切り替わる位置で改ページしておくと、きりのいい位置で次ページに印刷されるように設定できます。さらに、各ページの先頭に項目行が印刷されるように設定する方法も確認しましょう。

≫ 四半期の切り替わりで改ページする

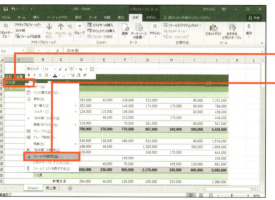

四半期、月、支店名別、商品別のピボットテーブルがあります。

❶「四半期」フィールドのセルを右クリックし、
❷＜フィールドの設定＞をクリックします。

MEMO　1ページに収める

ピボットテーブルの横幅が1ページ収まるように、ここでは、＜ページレイアウト＞タブの＜横＞を「1ページ」に設定しています。

❸＜レイアウトと印刷＞タブをクリックし、
❹＜アイテムの後ろに改ページを入れる＞をクリックしてチェックを付けて、
❺＜OK＞をクリックします。

254

各ページの先頭に項目行を印刷する

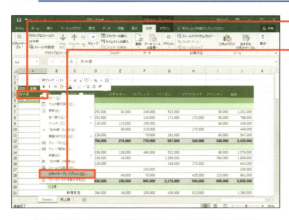

❶ ピボットテーブル内で右クリックし、
❷ ＜ピボットテーブルオプション＞をクリックします。

> **MEMO　メニューから選択する**
>
> ＜分析＞タブの＜ピボットテーブル＞－＜オプション＞の順にクリックしても同様に操作できます（Excel 2010では＜オプション＞タブ）。

❸ ＜印刷＞タブをクリックし、
❹ ＜印刷タイトルを設定する＞をクリックしてチェックを付けて、
❺ ＜OK＞をクリックします。

❻ ＜ファイル＞タブの＜印刷＞をクリックし、
❼ 印刷プレビューで、四半期ごとに改ページされ、各ページの先頭に項目行が表示されていることを確認します。
❽ Esc キーを押してワークシートに戻ります。

255

SECTION 143 便利技

空白セルに0を表示する

ピボットテーブルでは、集計に該当する値がないと空欄で表示されます。セルを空白にするのではなく明示的に「0」と表示したいときは、＜ピボットテーブルオプション＞で空白セルに表示する値を「0」と指定します。

空白セルに表示する値を指定する

1. ピボットテーブル内で右クリックし、
2. ＜ピボットテーブルオプション＞をクリックします。

3. ＜レイアウトと書式＞タブをクリックし、
4. ＜空白セルに表示する値＞にチェックが付いていることを確認します。
5. 「0」と入力して、
6. ＜OK＞をクリックすると、

7. 空白セルに0が表示されます。

第5章

ピボットグラフでデータを見える化する技

SECTION 144 ピボットテーブルから グラフを作成する

ピボットテーブルでデータを集計表にまとめたら、集計表をグラフ化すると、売上の動向などさまざまな情報を視覚的にわかりやすく表現できます。ピボットテーブルからグラフを作るには、ピボットグラフを使います。

ピボットグラフの作成手順を確認する

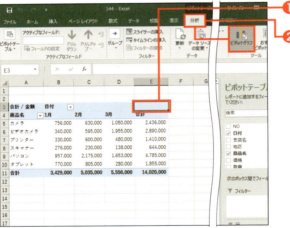

❶ ピボットテーブル内をクリックし、
❷ ＜分析＞タブの＜ピボットグラフ＞をクリックします（Excel 2010 では＜オプション＞タブ）。

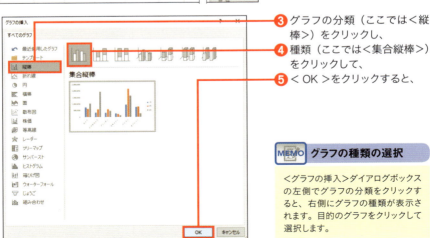

❸ グラフの分類（ここでは＜縦棒＞）をクリックし、
❹ 種類（ここでは＜集合縦棒＞）をクリックして、
❺ ＜OK＞をクリックすると、

MEMO グラフの種類の選択

＜グラフの挿入＞ダイアログボックスの左側でグラフの分類をクリックすると、右側にグラフの種類が表示されます。目的のグラフをクリックして選択します。

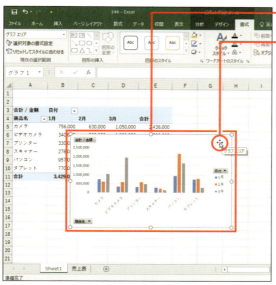

❻ ピボットグラフが作成されます。

❼ グラフ内の何もないところにマウスポインターを合わせ、 の形になったらドラッグして移動します。

> **MEMO　グラフの選択**
>
> グラフに対して移動やサイズ変更、設定変更する場合はグラフを選択します。グラフを選択するには、グラフ内の何もないところ（グラフエリア）をクリックします。

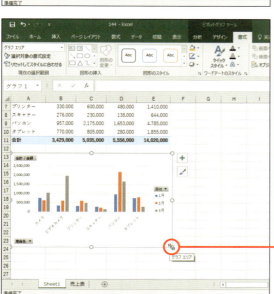

❽ グラフの周囲にあるハンドル「○」にマウスポインターを合わせ、 になったらドラッグしてサイズ変更します。

SECTION 145 ピボットグラフの画面構成を知る

作成したピボットグラフの見栄えをきれいに整えるには、ピボットグラフの編集が必要です。ピボットグラフを編集する場合、対象となるグラフの要素を選択します。ここでは、グラフの各要素を確認し、名称を確認しておきましょう。

ピボットグラフの各部の名称

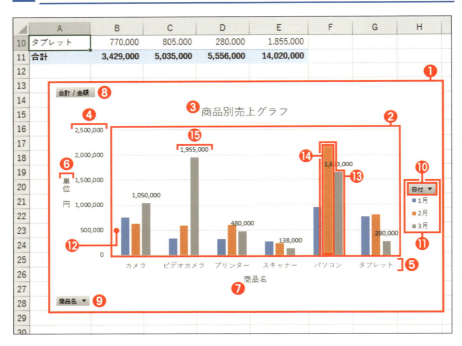

❶ グラフエリア
❷ プロットエリア
❸ グラフタイトル
❹ 縦（値）軸
❺ 横（項目）軸
❻ 縦（値）軸ラベル
❼ 横（項目）軸ラベル
❽ 値フィールドボタン
❾ 軸フィールドボタン
❿ 凡例フィールドボタン
⓫ 凡例
⓬ 縦（値）軸目盛線
⓭ 系列
⓮ データ要素
⓯ データラベル

＜フィールドリスト＞ウィンドウ

フィールドを各エリアにドラッグして、ピボットグラフにフィールドを追加します。

追加されているフィールド

メニューを表示

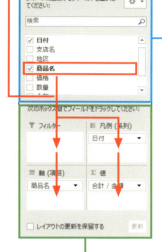

❶ フィールドセクション

ピボットグラフの元となるテーブルや表のフィールド名の一覧が表示されます。ピボットテーブルに追加されているフィールドにはチェックが付きます。フィールド名の右端の▼をクリックするとメニューが表示され、集計に使用するレコードの絞り込みができます。

❷ レイアウトセクション

ピボットグラフの4つの領域（フィールド）が表示され、フィールドセクションからフィールドをドラッグして各領域にフィールドを追加します。ここに追加したフィールドがピボットグラフの各領域に反映されます。また、グラフの元となるピボットテーブルにも反映します。

番号	名　称	機　能
Ⓐ	＜フィルター＞エリア	レポートフィルターに表示するフィールドを追加する場所
Ⓑ	＜凡例（系列）＞エリア	グラフの系列に表示するフィールドを追加する場所
Ⓒ	＜軸（項目）＞エリア	項目軸に表示するフィールドを追加する場所
Ⓓ	＜値＞エリア	グラフにしたいフィールドを追加する場所。金額や数量など、グラフ化したい値のフィールドを追加する

第 5 章　ピボットグラフでデータを見える化する技

SECTION 146
グラフ作成
グラフの種類を変更する

ピボットグラフは、作成した後からでも自由にグラフの種類を変更できます。ここでは、数値の比較をするための比較棒グラフから、構成比を把握するための100%積み上げ縦棒グラフに変更してみましょう。

≫ 商品別の100%積み上げ縦棒グラフに変更する

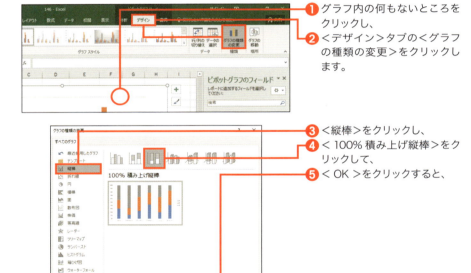

❶ グラフ内の何もないところをクリックし、
❷ <デザイン>タブの<グラフの種類の変更>をクリックします。

❸ <縦棒>をクリックし、
❹ <100%積み上げ縦棒>をクリックして、
❺ <OK>をクリックすると、

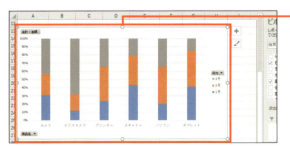

❻ グラフの種類が変更されます。各商品の全売上額を100%として、各月の売上額の割合がわかります。

第 5 章　ピボットグラフでデータを見える化する技

SECTION 147　グラフ作成

グラフのレイアウトを変更する

＜クイックレイアウト＞を使うと、グラフのレイアウトを簡単に変更できます。クイックレイアウトには、グラフの要素や書式などの組み合わせが多数用意されており、好みのレイアウトを選択するだけで、簡単にグラフのスタイルが整います。

≫ クイックレイアウトでグラフのレイアウトを変更する

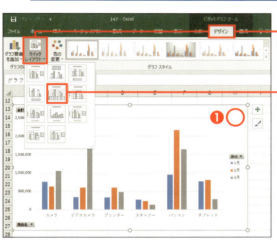

❶ グラフ内の何もないところをクリックし、
❷ ＜デザイン＞タブの＜クイックレイアウト＞をクリックして（Excel 2010では＜グラフレイアウト＞の＜その他＞）、
❸ 任意のレイアウト（ここでは＜レイアウト5＞）をクリックすると、

❹ レイアウトが変更されます。

MEMO　タイトルや軸ラベルの修正

クイックレイアウトの中には、グラフタイトルや軸ラベルが配置されているものがあります。レイアウト設定後にグラフタイトルや軸ラベルは適切な文字列に変更する必要があります（P.264、P.265参照）。

263

SECTION
148
グラフ要素

第5章 ピボットグラフでデータを見える化する技

グラフのタイトルを追加する

ピボットグラフのグラフタイトルは、後から加えたり、位置を変更したりできます。グラフタイトルは、＜デザイン＞タブの＜グラフ要素から追加＞を使って設定します。ここでは、グラフの上にグラフタイトルを追加する手順を紹介します。

≫ グラフの要素の中からグラフタイトルを追加する

❶ ピボットグラフ内の何もないところをクリックし、
❷ ＜デザイン＞タブの＜グラフ要素を追加＞ー＜グラフタイトル＞ー＜グラフの上＞の順にクリックします（Excel 2010では＜レイアウト＞タブの＜グラフタイトル＞）。

❸ グラフタイトルをクリックしてカーソルを表示し、文字を削除してタイトル（ここでは「商品別売上」）を入力すると、

MEMO 文字の削除

カーソルの前の文字を削除するには BackSpace キー、後ろの文字を削除するには Delete キーを押します。

❹ グラフタイトルが変更されます。

SECTION 149 グラフ要素

第5章 ピボットグラフでデータを見える化する技

軸ラベルを追加する

グラフの項目軸や数値軸にラベルを付けると、表示されている文字や数値の内容を示すことができます。たとえば、数値が数量なのか、金額なのか、あるいは、単位は何かといったことを説明するとよいでしょう。ここでは数値軸を追加してみます。

≫ 数値軸の軸ラベルを追加する

❶ ピボットグラフを選択し、
❷ <デザイン>タブの<グラフ要素を追加>-<軸ラベル>-<第1縦軸>の順にクリックします(Excel 2010では<レイアウト>タブの<軸ラベル>-<主縦軸ラベル>-<軸ラベルを回転>)。

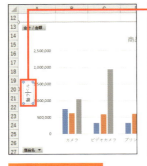
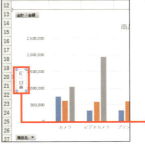

❸ 軸ラベル内でクリックしてカーソルを表示し、既存の文字を削除して、

❹ 文字列(ここでは「単位:円」)を入力します。

COLUMN

軸ラベルを縦書きにする

軸ラベルを縦書きにするには、軸ラベル内で右クリックし❶、<軸ラベルの書式設定>をクリックします❷。<軸ラベルの書式設定>で<文字のオプション>-<テキストボックス>の順にクリックします❸。<文字列の方向>の▼をクリックし❹、一覧から<縦書き>をクリックします❺。

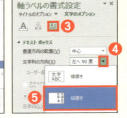

第 5 章　ピボットグラフでデータを見える化する技

SECTION
150
デザイン

グラフのデザインを変更する

＜グラフスタイル＞を使うと、グラフの系列の位置、色合い、目盛線などの組み合わせで全体的なデザインを変更できます。また、Excel 2016/2013では＜色の変更＞を使えば、色調の組み合わせを選ぶだけで、カラフルなグラフにしたり同じ色調でまとめたりできます。

≫ グラフスタイルでデザインを変更する

ピボットグラフを選択しています。

❶ ＜デザイン＞タブの＜グラフスタイル＞の＜その他＞をクリックします。

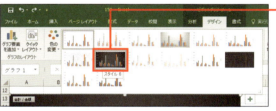

❷ 一覧からスタイル（ここでは「スタイル 8」）をクリックすると（Excel 2010 では「スタイル 4」）、

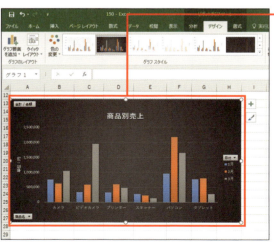

❸ グラフのスタイルが変更されます。

≫ グラフの色合いを変更する

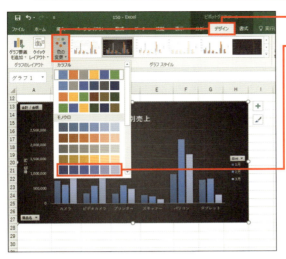

❶ ＜デザイン＞タブの＜色の変更＞をクリックし、
❷ 一覧から色（ここでは「色5」）をクリックすると、

> **MEMO Excel 2010の色合い**
> Excel 2010では、グラフのスタイルの中で色合いを変更します。

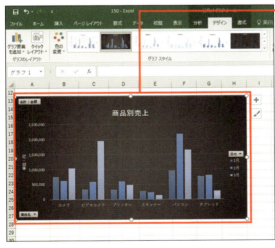

❸ グラフの色合いが変更されます。

COLUMN グラフを最初のスタイルに戻す

グラフスタイルを変更した後、最初のグラフスタイルに戻すには、P.266の手順❷で＜スタイル1＞を選択します（Excel 2010では「スタイル2」）。

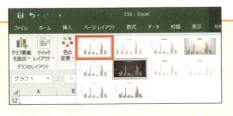

SECTION 151 デザイン

第 5 章 ピボットグラフでデータを見える化する技

一部のグラフの色を変更する

グラフの一部分だけに注目を集めたいときは、そのグラフの要素だけ色を変えてみましょう。一部分だけが強調され効果的です。ここでは、売上の一番多いグラフだけ色を変えて強調してみます。

≫ 1つの棒グラフの色を別の色に塗りつぶす

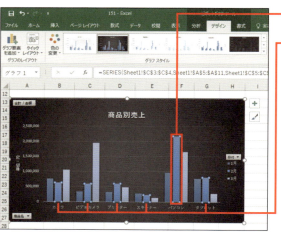

❶ 色を変更したいグラフをクリックすると、
❷ 同じ系列のすべてのグラフが選択されます。

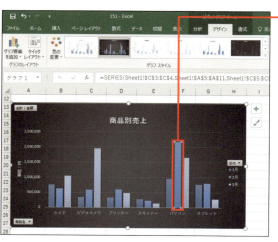

❸ もう一度、色を変更したいグラフをクリックすると、そのグラフだけ選択されます。

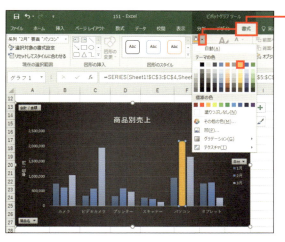

❹ <書式>タブの<図形の塗りつぶし>の▼をクリックし、
❺ 一覧から色（ここでは「ゴールド アクセント 4」）をクリックすると、

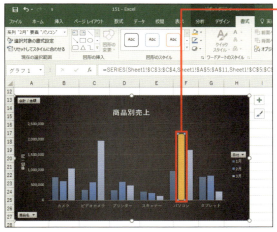

❻ 選択したグラフだけ色が変更されます。

COLUMN

個別に変更した書式を元に戻す

一部のグラフだけに設定した色などの書式を最初の状態に戻すには、<書式>タブの<リセットしてスタイルに合わせる>をクリックします❶。個別の設定がリセットされ、現在グラフ全体に適用されているスタイルや色合いに揃います❷。

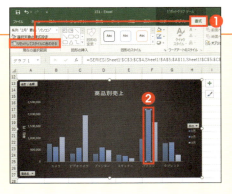

SECTION 152 行列の入れ替え

第 5 章　ピボットグラフでデータを見える化する技

グラフの行と列を入れ替える

ピボットグラフでは、簡単な操作で行と列を入れ替えて、グラフの見え方を変更できます。たとえば、1つの商品の月別売上を比較したグラフで行と列を入れ替えると、ひと月内の各商品の売上を比較するグラフに変更することができます。

≫ ＜行／列の切り替え＞を行う

商品の月別売上比較棒グラフがあります。

❶ ピボットグラフを選択し、
❷ ＜デザイン＞タブの＜行／列の切り替え＞をクリックします。

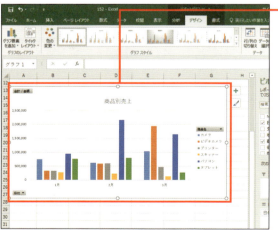

❸ 項目軸と系列が入れ替わり、月の商品別売上比較棒グラフに変更されます。

MEMO　テーブルとの連動

ピボットテーブルとピボットグラフは連動しています。そのため、ピボットグラフで行列を入れ替えると、元となったピボットテーブルの行と列も入れ替わります。

SECTION 153 フィルター

グラフに表示する
アイテムを絞り込む

ピボットグラフでは、表示する項目名や系列などのアイテムを絞り込んで、グラフで表現する対象を指定できます。実際に操作する場合は、ピボットグラフに配置されているフィールドボタンをクリックし、表示するアイテムを選択します。

≫ フィルターを使って表示するアイテムを選択する

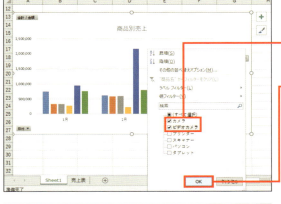

① グラフ内のフィールドボタン（ここでは＜商品名＞）をクリックします。

MEMO フィールドボタン

▼が表示されているフィールドボタンをクリックすると、フィルターのメニューが表示され、絞り込むアイテムを選択できます。

② 表示するアイテム（ここでは「カメラ」「ビデオカメラ」）をクリックしてチェックを付け、

③ ＜OK＞をクリックすると、

④ 系列のアイテムが絞り込まれます。

SECTION 154 円グラフ

円グラフで構成比を視覚化する

各商品の売上額が全商品の売上額の中で占める割合を表現する場合は、円グラフが適しています。ここでは、円グラフを作成し、パーセントやアイテム名をラベルに表示し、わかりやすく編集してみましょう。

》 元となるピボットテーブルを作成する

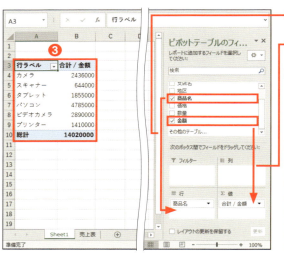

❶「商品名」を＜行＞エリアにドラッグし、
❷「金額」を＜値＞エリアにドラッグして、
❸ピボットテーブルを作成します。

MEMO 桁区切りカンマ

数値に3桁ごとの桁区切りカンマを表示するには、テーブル内の数値を右クリックし、＜表示形式＞をクリックして＜セルの書式設定＞ダイアログボックスで設定します（P.248参照）。

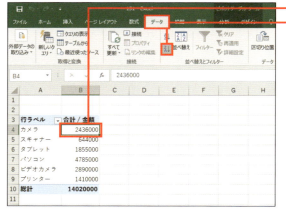

❹数値の列内をクリックし、
❺＜データ＞タブの＜降順＞をクリックします。

MEMO 事前に並べ替えておく

円グラフの構成比は、比率が大きいものから時計回りに表示するとわかりやすくなります。そのため、あらかじめピボットテーブルで数値の大きい順に並べ替えておきます。なお、グラフ作成後に並べ替えることも可能です。

円グラフを作成する

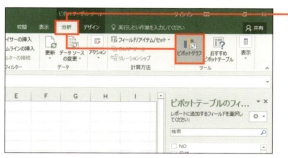

❶ <分析>タブの<ピボットグラフ>をクリックします（Excel 2010では<オプション>タブ）。

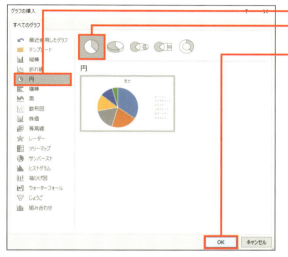

❷ <円>をクリックし、
❸ グラフの種類（ここでは「円」）をクリックして、
❹ < OK >をクリックすると、

❺ 円グラフが作成されます。グラフを移動し、サイズを調整します。

MEMO 移動とサイズ調整

グラフの移動は、グラフ内の何もないところにマウスポインターを合わせてドラッグします。サイズ調整は、グラフの周囲にあるハンドル（○）にマウスポインターを合わせてドラッグします。Altキーを押しながらドラッグすると、セルの枠線に合わせられます。

データラベルを表示する

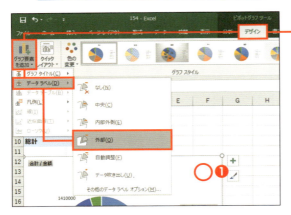

❶ ピボットグラフを選択し、
❷ ＜デザイン＞タブの＜グラフ要素を追加＞－＜データラベル＞で表示する方法（ここでは「外側」）を選択すると（Excel 2010では＜レイアウト＞タブの＜データラベル＞）、

> **MEMO　データラベル**
> データラベルには、数値、構成比、アイテム名などを表示できます。＜データラベル＞のメニューで表示する場所や値をセットで選択できます。

❸ ラベルが表示されます。

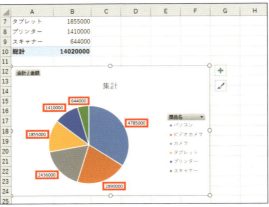

COLUMN

ラベルを移動する

移動したいラベルをクリックすると、全部のラベルが選択されます。もう一度移動したいラベルをクリックして、枠線にマウスポインターを合わせます。マウスポインターが ✥ の形になったらドラッグして❶、任意の場所に移動します❷。移動できたら、グラフの何もないところをクリックして選択を解除しておきましょう。

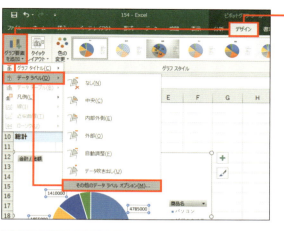

❹ <デザイン>タブの<グラフ要素を追加>-<データラベル>-<その他のデータラベルオプション>の順にクリックし(Excel 2010では<レイアウト>タブの<データラベル>)、

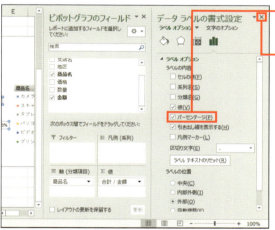

❺ <ラベルオプション>で<パーセンテージ>をクリックしてチェックを付け、
❻ <×>をクリックして閉じます(Excel 2010では<閉じる>をクリック)。

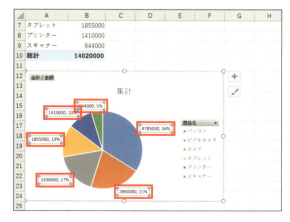

❼ ラベルにパーセンテージが追加されます。

●円グラフ

275

COLUMN

ピボットグラフの見栄えをすばやく整える(Excel 2016/2013のみ)

ピボットグラフを選択すると、グラフの右上に<グラフ要素>➕が表示されます。これをクリックすると、グラフタイトル、データラベル、凡例の3要素の表示/非表示の指定や表示位置の指定ができます。また、<グラフスタイル>✐をクリックすると、グラフスタイル一覧が表示され、スタイルを選択できます。マウスの移動が少なくて済み、すばやく見栄えを整えるのに役立ちます。

◆ グラフ要素

➕をクリックするとグラフ要素のメニューが表示されます。各要素を表示するには、チェックボックスをクリックしてチェックを付け、非表示にするにはチェックを外します。
▶をクリックして表示位置を指定します。適切なものが見つからない場合は、<その他のオプション>をクリックし、各グラフ要素の作業ウィンドウを表示して設定します。

◆ グラフスタイル

✐をクリックすると、<スタイル>タブと<色>タブが表示されます。タブを切り替えてスタイルや色合いの変更ができます。<スタイル>タブをクリックすると、グラフスタイルの一覧が表示されます。表示されたスタイルをクリックして選択します。

<色>タブをクリックすると、色の組み合わせ一覧が表示されるので、クリックして色を変更できます。

第6章

大量のデータを効率よく管理する技

SECTION 155 データ取り込み

第 6 章 大量のデータを効率よく管理する技

Excelの表から
データを取り込む

データベースに対して別のExcelファイルにあるデータを取り込むときは、コピー先のデータベースと矛盾のないようにフィールドの構成を同じにする必要があります。ここでは、別ファイルにある顧客名簿の取り込みを例に手順を確認しましょう。

≫ コピー先・コピー元のデータを確認する

◆ コピー先データベース「名簿TB」テーブル

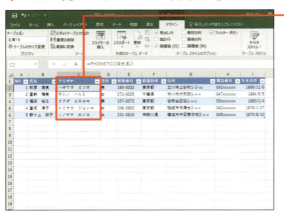

❶ 貼り付け先のブックでテーブルのフィールドを確認します。ここでは、「フリガナ」フィールドにPHONETIC関数が設定されており、フリガナが自動で表示されています（P.032参照）。

◆ コピー元データ「顧客住所.xlsx」

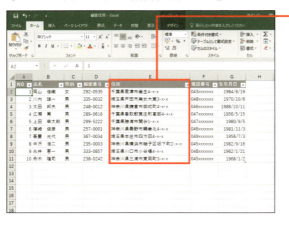

❷ コピー元となるブックを開き、テーブルのフィールドを確認します。コピー元には、「フリガナ」フィールドがなく、「都道府県」を含めた「住所」フィールドがあります。

≫ フィールドの構成をコピー先に合わせる

コピー元の表に「フリガナ」フィールド用の列と、「住所」フィールドを「都道府県」「住所」に分割するための列を用意します。

❶ C列の列番号を右クリックし、
❷ ＜挿入＞をクリックします。

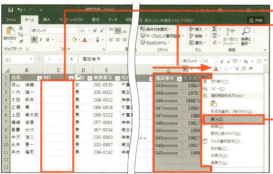

❸ 列が挿入されます。
❹ G列からH列の列番号をドラッグして列選択し、
❺ 選択範囲内で右クリックして＜挿入＞をクリックします。

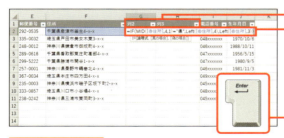

❻ 列が挿入されます。
❼ 都道府県を入力するセル（ここではセルG2）をクリックし、「=IF(MID([@住所],4,1)="県",LEFT([@住所],4),LEFT([@住所],3))」と入力して、
❽ Enterキーを押します。

📎 COLUMN

都道府県を取り出す計算式

「=IF(MID([@住所],4,1)="県",LEFT([@住所],4),LEFT([@住所],3))」は住所から都道府県を取り出す計算式です。住所の左から4文字目が「県」かどうか調べ、「県」の場合は左から4文字取り出し、そうでない場合は、左から3文字取り出すことで都道府県を取り出しています。詳細はP.184を参照してください。なお、「[@住所]」は、住所のセル（セルF2）をクリックすると構造化参照で自動的に表示されます。

⑨ 式が自動でコピーされ、都道府県が表示されます。
⑩ セルH2をクリックし、「=SUBSTITUTE([@住所],[@列2],"")」と入力し、
⑪ Enterキーを押します。

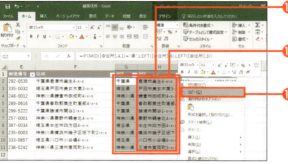

⑫ 式が自動でコピーされ、都道府県以外の住所が表示されます。
⑬ 関数が設定されている範囲（ここではセルG2～H11）を選択し、
⑭ 選択範囲内で右クリックして＜コピー＞をクリックします。

⑮ 選択範囲内で再度右クリックし、＜貼り付けのオプション＞の＜値＞をクリックします。

MEMO 文字に置き換え

計算式を使って目的の文字列を取り出せたら、計算式を文字に置き換えます。計算式によって取り出した値が表示されている列をコピーし、同じ場所にそのまま値のみ貼り付けることで計算式が文字に置き換わります。

COLUMN

都道府県以外の住所を取り出す計算式

「=SUBSTITUTE([@住所],[@列2],"")」は住所から都道府県を取り除いた住所を取り出す計算式です。「住所」にある「都道府県」の文字列を空の文字列「""」に置き換えることで、都道府県以外の住所を取り出しています。詳細はP.184を参照してください。なお、「[@住所]」は、住所のセル（セルF2）、「[@列2]」は、都道府県のセル（セルG2）をクリックすると構造化参照で自動的に表示されます。

❶ F列の列番号を右クリックし、
❷ <削除>をクリックします。

>> データをテーブルに追加する

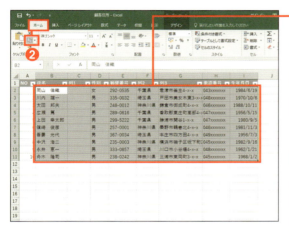

❶ コピー範囲（ここではセルB2〜I11）を選択し、
❷ <ホーム>タブの<コピー>をクリックします。

MEMO フリガナは空欄にする

コピー先のテーブルにPHONETIC関数が設定されているため、フリガナ列は空欄にしておきます。

MEMO NOはコピーしない

NOは並べ替えをするのに必要な連番のフィールドです。コピー先の値に合わせて設定するため、ここではコピーしません。なお、お客様NOのような顧客に付けられた個別の番号があり、コピー先のデータベースでも管理していればコピーは必要です。

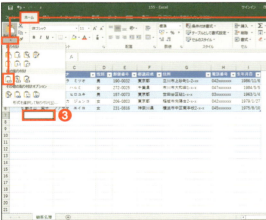

❸ 貼り付け先のブックに切り替えて貼り付ける先頭のセル（ここではセルB7）をクリックし、
❹ <ホーム>タブの<貼り付け>の▼−<値>の順にクリックします。

MEMO ブックの切り替え

開いているブックの表示を切り替えるには、タスクバーのExcelのアイコンにマウスポインターを合わせ、切り替えたいブックをクリックします。

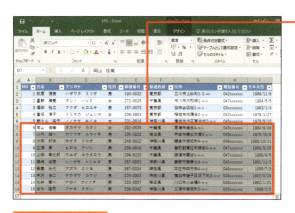

❺ データが貼り付けられます。フリガナ列は PHONETIC 関数が自動的にコピーされ、フリガナが表示されます。

❻ NO に連番を入力しておきます。

MEMO 計算式はコピーしない

データベースに他のブックにある表をコピーする場合、その表内にある計算式はコピーしないようにします。計算式を含めてコピーすると、コピー元ブックを参照するリンクが設定されたり、式が置き換わってしまったりすることがあるためです。

COLUMN

ワークシートごと取り込む

別のExcelのブックに保存されている表をそのままデータベースとして使用できる場合は、ワークシートごとコピーすることもできます。取り込み先のブックと、取り込み元のブックの両方を開き、次のように操作します。

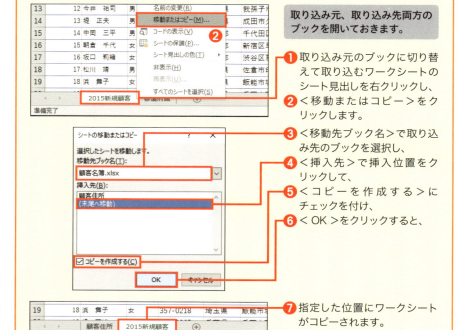

取り込み元、取り込み先両方のブックを開いておきます。

❶ 取り込み元のブックに切り替えて取り込むワークシートのシート見出しを右クリックし、

❷ ＜移動またはコピー＞をクリックします。

❸ ＜移動先ブック名＞で取り込み先のブックを選択し、

❹ ＜挿入先＞で挿入位置をクリックして、

❺ ＜コピーを作成する＞にチェックを付け、

❻ ＜ OK ＞をクリックすると、

❼ 指定した位置にワークシートがコピーされます。

別ブックを参照するリンクが残ることがある

別ブックの表をコピーしたり、ワークシートをコピーしたりしたときのセル範囲に計算式が入力されていたり、名前の範囲を参照していると、別ブックを参照するリンクが残ることがあります。ブックを開いたときに以下のようなメッセージが表示されたときは、不要なリンクによるメッセージの可能性がありますので、確認し、不要な場合は削除しましょう。

● リンクが残っているときに表示されるメッセージ

リンクしている表やブック、Webサイトなどがあり、信頼できるものであれば、＜更新する＞をクリックします。リンク先がわからない場合は、＜更新しない＞をクリックし、何がリンクされているのか確認しましょう。

● リンクを確認して削除する

まず、名前の定義で確認します。＜数式＞タブの＜名前の管理＞をクリックし、＜名前の管理＞ダイアログボックスで、別ブックを参照している名前を選択し、＜削除＞をクリックします。

さらに計算式を確認し、別ブックのセル範囲をしている場合は式を修正します。

入力規則でリスト選択を設定していたセル範囲から、入力規則を削除します。入力規則のリスト選択が設定されているセル範囲を選択し、＜データ＞タブの＜データの入力規則＞をクリックして＜データの入力規則＞ダイアログボックスの＜設定＞タブをクリックし、＜すべてクリア＞をクリックします。

283

SECTION 156　データ取り込み

第 6 章　大量のデータを効率よく管理する技

インターネットにある表を リンクして取り込む

インターネット上で公開されている表を取り込んで利用したい場合、「Webクエリ」という機能を使います。Webクエリを使って表を取り込むと、Webサイトのデータとリンクした状態になりますので、更新すれば最新の情報を得られます。

» Webクエリでインターネット上の表を取り込む

ここでは、次のサイトの書籍一覧を取り込みます（http://image.gihyo.co.jp/assets/files/book/2016/978-4-7741-8373-2/ch06sample.html）。

❶ 取り込みたい表のある Web ページを開き、URL をドラッグして選択します。

❷ 選択範囲内で右クリックして＜コピー＞をクリックします。

❸ ワークシートを表示して貼り付け先の先頭セル（ここではセル A2）をクリックし、

❹ ＜データ＞タブの＜外部データの取り込み＞-＜Web クエリ＞の順にクリックします。

●データ取り込み

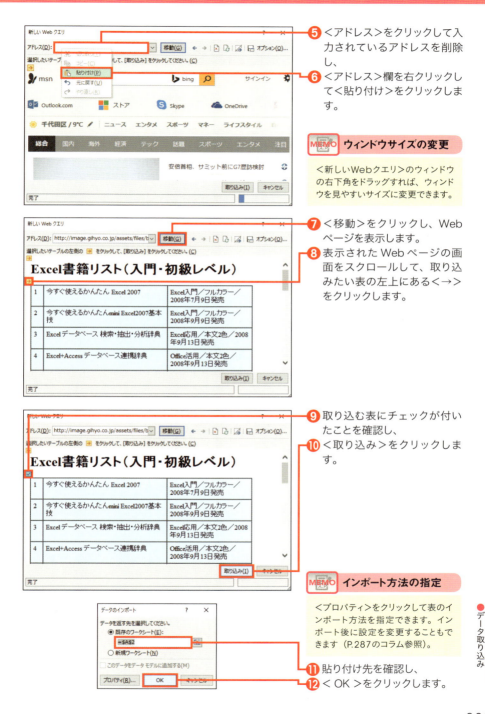

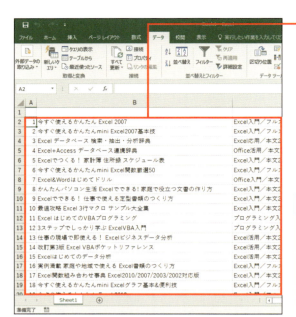

⑬ 表が取り込まれます。

MEMO データの更新

Webクエリで取り込んだ表のデータを更新するには、＜データ＞タブの＜すべて更新＞をクリックします（P.310参照）。なお、リンク元のURLが変更になっていることもあるため、思い通りに更新されない場合があります。

⑭ 必要に応じて、項目名や書式を設定して表の見栄えを整えます。

MEMO リンクの解除

取り込んだ表をテーブルに変換するとリンクが解除されます。一方、手順⑭のように項目名を入力し、セルの色、罫線などを設定して表を整えた場合、リンクは解除されません。＜データ＞タブの＜フィルター＞をクリックしてフィルターボタンを表示し、並べ替え、フィルターによる抽出ができます。

COLUMN

インポート方法を設定する

Webクエリで表をインポートすると、インポート元となるWebページとリンクされています。Webページに変更があると、ワークシートの表も変更されます。この設定を変更するには、<データ>タブの<プロパティ>をクリックし、<外部データ範囲のプロパティ>ダイアログボックスで行います。

> チェックが付いていると
> Webページとリンクされています。

> 更新の方法などの設定変更ができます。

> チェックを外すとリンクが解除され、
> Webページに変更があっても
> 更新されなくなります。

MEMO ブックを再度開いた場合

インターネットのサイトをリンクしているブックを再度開くと、<セキュリティの警告>メッセージバーが表示され、外部データの接続が無効の状態で開きます（詳細はP.313参照）。

第 6 章 大量のデータを効率よく管理する技

SECTION
157
データ取り込み

インターネットにある表を取り込む

インターネット上で公開されているデータは、Webクエリを使用しなくても、コピーして利用することができます。ワークシートにコピーした後、必要な修正を加えて、データベースとして利用できるように表を整える必要があります。

≫ インターネットにある表をコピーする

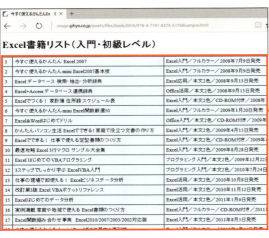

ここでは、次のサイトの表をコピーして取り込みます (http://image.gihyo.co.jp/assets/files/book/2016/978-4-7741-8373-2/ch06sample.html)。

❶ P.284を参考にして、取り込みたい表を表示します。

❷ 表をドラッグして選択し、

❸ 選択範囲内で右クリックして＜コピー＞をクリックします。

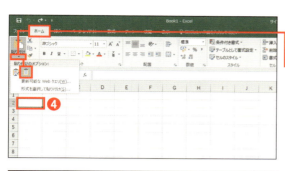

④ Excelのワークシートで貼り付け先のセル（ここではセルA2）をクリックして、
⑤ ＜ホーム＞タブの＜貼り付け＞の▼ー＜貼り付け先の書式に合わせる＞の順にクリックします。

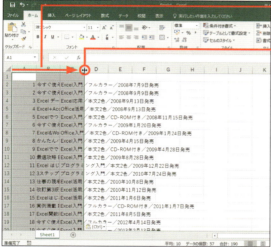

⑥ 列幅を調整します。列番号上（ここではA列からC列）をドラッグして選択し、
⑦ 列番号の右側の境界線にマウスポインターを合わせてダブルクリックします。

⑧ 項目名を入力し表を整えます（ここでは表をテーブルに変換しています）。

SECTION 158 PDFファイルの表を取り込む

データ取り込み

インターネット上では、公開データがPDFファイルとして提供されている場合がよくあります。PDFファイルのデータをExcelのデータとして取り込みたいときは、いったんWordで読み込んでからExcelにコピーするとスムーズです（Word 2016/2013のみ）。

≫ Wordで読み込んでからExcelにコピーする

① PDFファイルを確認し、名前を付けて保存します。
② ＜×＞をクリックします。

③ Wordを起動して＜他の文書を開く＞をクリックします。

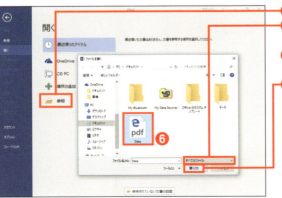

④ ＜参照＞をクリックして、
⑤ ファイルの種類を＜すべてのファイル＞にし、
⑥ 取り込みたいPDFファイルをクリックして、
⑦ ＜開く＞をクリックします。

❽ メッセージが表示されたら、＜OK＞をクリックします。

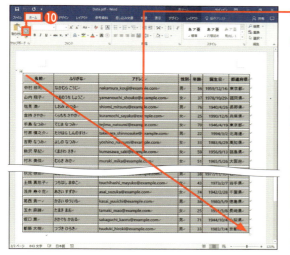

❾ 取り込みたい表をドラッグして選択し、

❿ ＜ホーム＞タブの＜コピー＞をクリックします。

MEMO ドラッグ以外で選択

選択したい先頭文字の前（ここでは「名前」の「名」の前）でクリックしてカーソルを表示し、選択したい最後の文字の後ろ（ここでは「京都府」の「府」の後ろ）で Shift キーを押しながらクリックしても範囲選択できます。選択範囲が大きく、ドラッグで選択しづらいときに便利です。

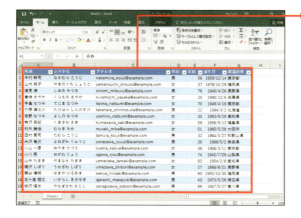

⓫ Excel に切り替えて、取り込みたいワークシートのセル（ここではセル A1）をクリックし、

⓬ ＜ホーム＞タブの＜貼り付け＞の▼－＜貼り付け先の書式に合わせる＞をクリックすると、

⓭ PDF の表が取り込まれるので、必要に応じて表の見栄えを整えます（ここではテーブルに変換しています）。

第 6 章 大量のデータを効率よく管理する技

SECTION 159
CSV形式のテキストファイルを取り込む

データ取り込み

CSV形式のファイルは、データをカンマで区切って作られているテキストファイルです。CSV形式はExcelで直接開くこともできますが、＜外部データの取り込み＞を使って開くと、取り込み方を詳細に指定できるため間違いがありません。

≫ CSV形式のファイルを外部データの取り込みで開く

❶ 取り込み先のセル（ここではセルA1）をクリックし、
❷ ＜データ＞タブの＜外部データの取り込み＞－＜テキストファイル＞の順にクリックします。

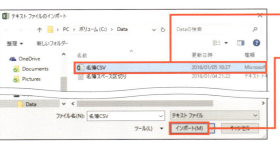

❸ 取り込みたいCSVファイル（ここでは名簿CSV）を選択し、
❹ ＜インポート＞をクリックします。

MEMO 拡張子の表示

ファイルの拡張子を表示するには、エクスプローラーを開き、＜表示＞タブの＜ファイル名拡張子＞にチェックを付けます。

COLUMN CSVファイルの内容をメモ帳で確認する

CSVファイルを取り込む前にメモ帳で内容を確認しておきましょう。CSVファイルをダブルクリックすると、Excelが起動し開いてしまいます。CSVファイルをメモ帳で開くには、以下の手順で行います。

❶ エクスプローラーでCSVファイルを右クリックし、
❷ ＜プログラムから開く＞－＜メモ帳＞の順にクリックします。

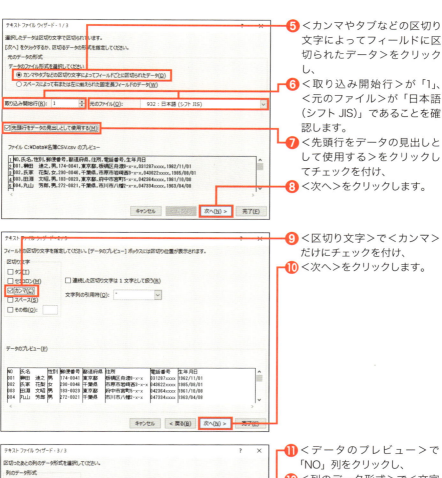

❺ ＜カンマやタブなどの区切り文字によってフィールドに区切られたデータ＞をクリックし、
❻ ＜取り込み開始行＞が「1」、＜元のファイル＞が「日本語（シフトJIS）」であることを確認します。
❼ ＜先頭行をデータの見出しとして使用する＞をクリックしてチェックを付け、
❽ ＜次へ＞をクリックします。

❾ ＜区切り文字＞で＜カンマ＞だけにチェックを付け、
❿ ＜次へ＞をクリックします。

⓫ ＜データのプレビュー＞で「NO」列をクリックし、
⓬ ＜列のデータ形式＞で＜文字列＞をクリックします。

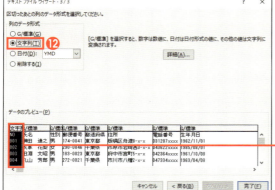

MEMO データ形式の指定

「NO」列は「001」「002」という文字列ですが、Excelで直接開くと数字と認識され、「1」「2」に変換されてしまいます。ここで「文字列」を指定することで、そのままの値を取り込むことができます。

293

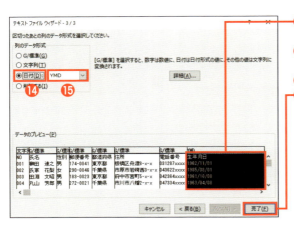

⓭ <データのプレビュー>で「生年月日」列をクリックし、
⓮ <列のデータ形式>で<日付>をクリックして、
⓯ < YMD >を選択し、
⓰ <完了>をクリックします。

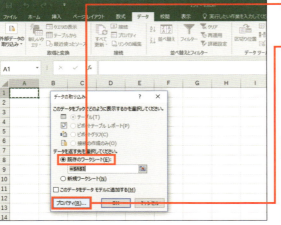

⓱ <既存のワークシート>で貼り付け先に指定したセルが表示されていることを確認し、
⓲ <プロパティ>をクリックします。

MEMO 取り込み元とリンクする

元ファイルとリンクした状態で取り込みたい場合は、<プロパティ>をクリックせずに<OK>をクリックします。

⓳ <クエリの定義を保存する>のチェックを外し、
⓴ < OK >をクリックします。
㉑ <データの取り込み>が表示されたら、< OK >をクリックします。

MEMO リンクせずに取り込む

取り込み元のファイルとリンクしないで取り込むには、<クエリの定義を保存する>のチェックを外します。

㉒ データが取り込まれます。＜NO＞列の値は数値に変換されず、「001」「002」とそのままの値が表示され、＜生年月日＞列は日付として認識されています。

COLUMN

「001」や「1001」を文字列として扱う

Excelでは、「001」「002」のような「0」で始まる数字を入力すると、数値として認識し「0」を除いて「1」「2」のように変換されてしまいます。「001」「002」をそのまま表示する、「1001」のような数字だけの値を文字列として扱うといった場合は、表示形式を「文字列」にしてから入力します。

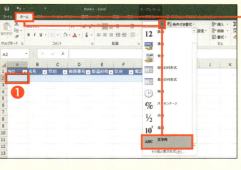

❶ データを入力するセル範囲を選択し、
❷ ＜ホーム＞タブの＜表示形式＞の▼－＜文字列＞の順にクリックすると、

❸ 「001」「002」と入力した通りに表示されます。

COLUMN

文字列の数字を数値として扱いたい

数字を文字列とすると、セルに緑のマークが表示されます。文字列として取り込んだ数字を計算対象となる数値として扱いたい場合は、数値に変換したい値のセル範囲を選択し、＜エラーチェックオプション＞－＜数値に変換する＞の順にクリックします。

SECTION 160 データ取り込み

スペース区切りの テキストファイルを取り込む

第6章 大量のデータを効率よく管理する技

SECTION 159では、カンマ区切りのデータを取り込みました。スペースで区切られている形式で保存されたテキストファイルのデータを取り込みたいときも、＜外部データの取り込み＞を使います。データの区切り位置を指定するのがポイントです。

≫ 外部データの取り込みでテキストファイルを開く

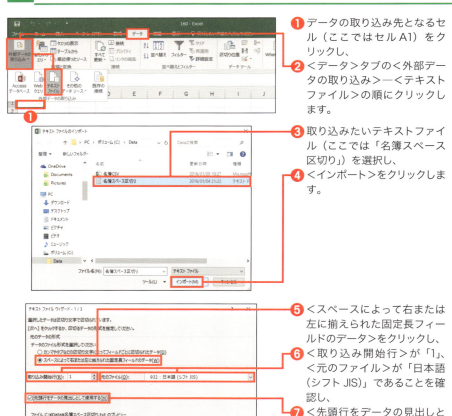

❶ データの取り込み先となるセル（ここではセルA1）をクリックし、

❷ ＜データ＞タブの＜外部データの取り込み＞―＜テキストファイル＞の順にクリックします。

❸ 取り込みたいテキストファイル（ここでは「名簿スペース区切り」）を選択し、

❹ ＜インポート＞をクリックします。

❺ ＜スペースによって右または左に揃えられた固定長フィールドのデータ＞をクリックし、

❻ ＜取り込み開始行＞が「1」、＜元のファイル＞が「日本語（シフトJIS）」であることを確認し、

❼ ＜先頭行をデータの見出しとして使用する＞にチェックを付けて、

❽ ＜次へ＞をクリックします。

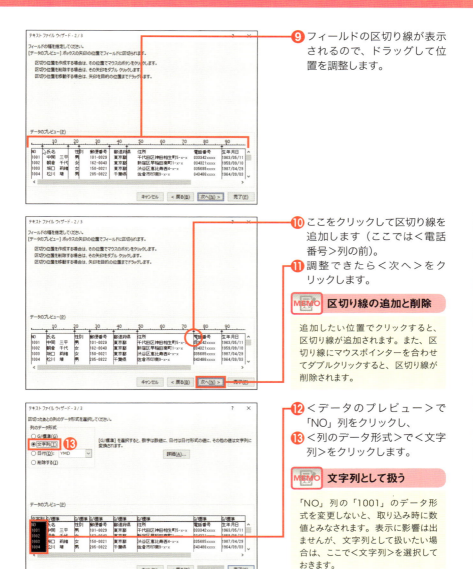

❾ フィールドの区切り線が表示されるので、ドラッグして位置を調整します。

❿ ここをクリックして区切り線を追加します（ここでは＜電話番号＞列の前）。
⓫ 調整できたら＜次へ＞をクリックします。

MEMO 区切り線の追加と削除

追加したい位置でクリックすると、区切り線が追加されます。また、区切り線にマウスポインターを合わせてダブルクリックすると、区切り線が削除されます。

⓬ ＜データのプレビュー＞で「NO」列をクリックし、
⓭ ＜列のデータ形式＞で＜文字列＞をクリックします。

MEMO 文字列として扱う

「NO」列の「1001」のデータ形式を変更しないと、取り込み時に数値とみなされます。表示に影響は出ませんが、文字列として扱いたい場合は、ここで＜文字列＞を選択しておきます。

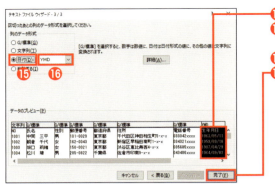

⓮「生年月日」列をクリックし、
⓯＜列のデータ形式＞で＜日付＞をクリックし、
⓰＜YMD＞を選択して、
⓱＜完了＞をクリックします。

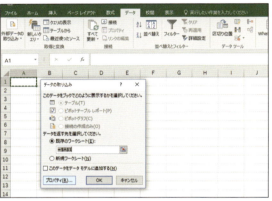

⓲ SECTION 159 の手順⓱以降と同じ手順で操作を進めます。

⓳ データが取り込まれます。「NO」列の値は数値に変換されず文字列として扱われ、「生年月日」列は日付として認識されています。

余分な空白を削除する

スペースで区切られたテキストファイルを取り込むと、データの前や後に余分なスペースが挿入されてしまうことがあります。P.039で説明したTRIM関数を使って余分な空白を削除し、データを整えましょう。

セルをダブルクリックして編集状態にすると、値の後ろに空白が挿入されていることがわかります。TRIM関数を使って文字列のセルから空白を取り除きます。

❶ 計算用のセル（ここではセルB13）に「=TRIM(B2)」と入力し、

❷ Enter キーを押します。

❸ 空白が削除された文字列が表示されます。

❹ フィルハンドルを下方向にデータ件数分ドラッグして関数をコピーします。

❺ 同様にして右方向にドラッグし、関数をコピーします。

❻ ＜ホーム＞タブの＜コピー＞をクリックし、

❼ 貼り付け先の先頭のセル（ここではセルB2）をクリックして、

❽ ＜ホーム＞タブの＜貼り付け＞の▼－＜値＞の順にクリックします。TRIM関数で作った表は削除しておきます。

第 6 章　大量のデータを効率よく管理する技

SECTION 161
データ取り込み

Accessのデータベースから データを取り込む

Accessで管理しているテーブルのデータをExcelに取り込んで、集計、分析するのに活用できます。Accessのテーブルとリンクして取り込めば、最新のデータで分析することが可能です。ここでは「顧客管理」データベースの「名簿」テーブルを取り込んでいます。

≫ Accessのテーブルを外部データの取り込みで利用する

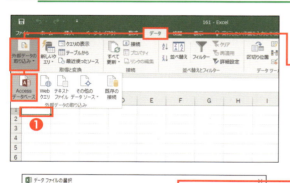

❶ データを取り込む先頭のセル（ここではセル A1）をクリックし、
❷ <データ>タブの<外部データの取り込み>－<Accessデータベース>の順にクリックします。このとき、Accessデータベースが開いていない状態にしておきます。

❸ 取り込みたいAccessファイルを選択し、
❹ <開く>をクリックします。

MEMO 複数のテーブルがある場合

指定したAccessのデータベースに複数のテーブルやクエリがある場合は、<テーブルの選択>ダイアログボックスが表示され、取り込むテーブルまたはクエリを選択できます。

❺ 取り込みたいテーブル（ここでは<名簿>）を選択し、
❻ < OK >をクリックします。

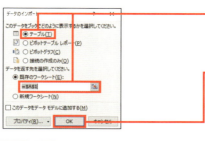

❼ <テーブル>が選択され、データを返す先に指定したセル(ここではセル A1)が指定されていることを確認し、

❽ < OK >をクリックします。

> **MEMO** リンクせずに取り込む
>
> SECTION 159の手順⓲以降の操作で、リンクしないでデータを取り込めます。

❾ Access のテーブルが Excel のテーブルとして表示されます。Access のテーブルとリンクされていますが、Excel でデータを変更しても Access のテーブルは変更されません。

COLUMN

Accessについて

Accessとは、Microsoft社のデータベースソフトです。データを蓄積するための「テーブル」、テーブルに問い合わせをしてデータを抽出・集計する「クエリ」、データを表示・入力するための「フォーム」、印刷物を作成するための「レポート」という4つの機能を基本機能としています。そのほかに、自動実行するための「マクロ」、プログラミングするための「モジュール」の2つの機能があります。これらの6つの機能で作成されたものを「データベースオブジェクト」と呼んでいます。
作成されたデータベースオブジェクトは別々のファイルではなく、1つのデータベースファイル(拡張子.accdb)の中に保存されます。Accessでは、テーブルを元にクエリ、フォーム、レポートな

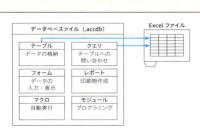

どのデータベースオブジェクトを作成し、データベースを作成、管理します。
Excelの<外部データの取り込み>で取り込めるのは、テーブルとクエリです。テーブルはデータベースのデータそのものが格納されていますが、クエリは、テーブルに対してデータを抽出するための条件が保存されており、クエリを開くと、テーブルに対する抽出が実行された結果が表示されます。

SECTION 162 データ取り込み

条件を指定してAccessのデータを取り込む

Accessファイルに保存されているテーブルのデータに対して条件を指定し、条件を満たすデータだけを取り込むことができます。あらかじめ必要なデータを抽出した上で取り込むことになるので、すぐに使えるデータが得られます（Excel 2016のみ）。

≫ ＜新しいクエリ＞を使ってデータを取り込む

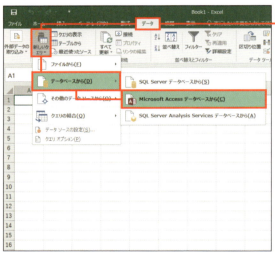

❶ ＜データ＞タブの＜新しいクエリ＞－＜データベースから＞－＜Microsoft Accessデータベースから＞の順にクリックします。

MEMO クエリとは

クエリは英語で「Query」のことで、「問い合わせ」という意味になります。クエリは、テーブルに対する問い合わせの内容を意味し、取り出したいフィールドや抽出条件をまとめたものです。

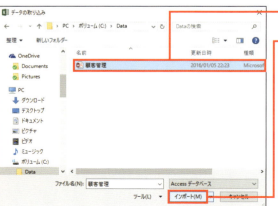

❷ 取り込みたいAccessのファイルをクリックして、
❸ ＜インポート＞をクリックします。

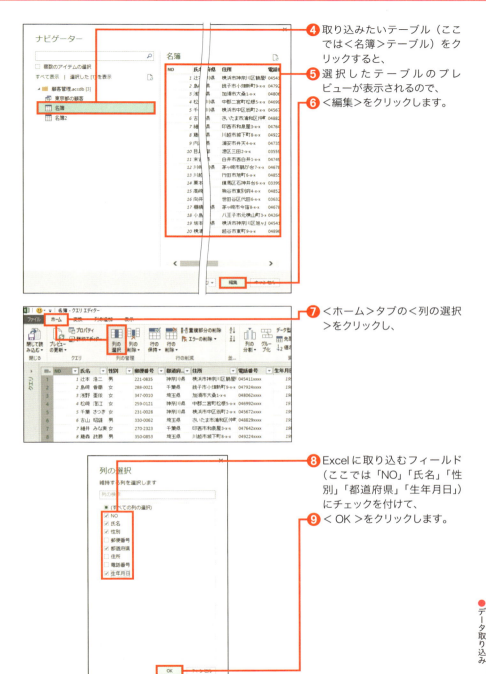

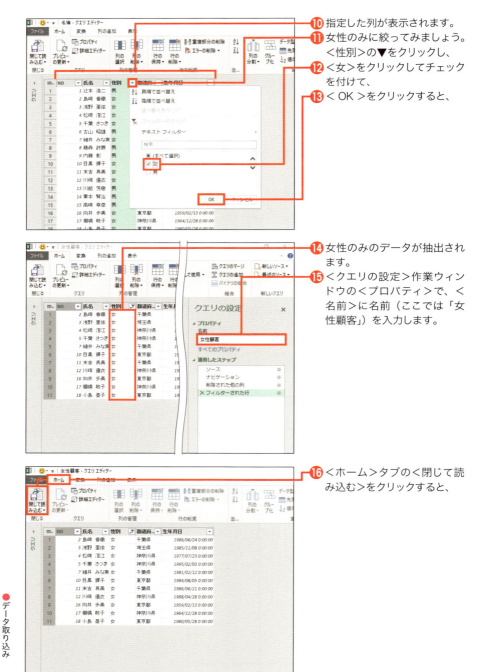

⑩ 指定した列が表示されます。
⑪ 女性のみに絞ってみましょう。
＜性別＞の▼をクリックし、
⑫ ＜女＞をクリックしてチェックを付けて、
⑬ ＜OK＞をクリックすると、

⑭ 女性のみのデータが抽出されます。
⑮ ＜クエリの設定＞作業ウィンドウの＜プロパティ＞で、＜名前＞に名前（ここでは「女性顧客」）を入力します。

⑯ ＜ホーム＞タブの＜閉じて読み込む＞をクリックすると、

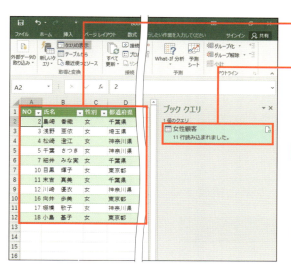

⑰ 新しいシートにAccessのテーブルから指定したデータが取り込まれます。

⑱ <ブッククエリ>作業ウィンドウが表示され、ブックに保存したクエリ名（ここでは「女性顧客」）と抽出件数が表示されます。

MEMO Accessとリンク

取り込まれたAccessのテーブルのデータは、元のAccessのテーブルとリンクしています。Accessのテーブルでの変更はExcelに反映されますが、Excelでの変更はAccessに反映されません。Excel側で表示形式などの書式は変更できます。

COLUMN

作成したクエリを編集するには

作成したクエリの条件を変更したり、表示するフィールドを変更したりするには、<ブッククエリ>作業ウィンドウで行います。<ブッククエリ>作業ウィンドウが表示されていないときは、<データ>タブの<クエリの表示>をクリックします。

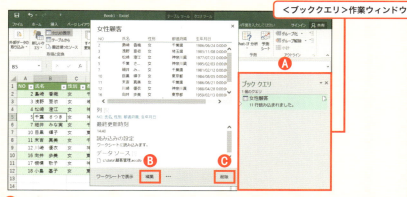

Ⓐ <ブッククエリ>作業ウィンドウに表示されるクエリ名（ここでは「女性顧客」）にマウスポインターを合わせると、クエリの実行結果のイメージや列、最終更新時間、読み込みの設定、データソースなどの情報が表示されます。

Ⓑ <編集>をクリックすると、<クエリエディター>が起動し、クエリの編集が行えます。

Ⓒ <削除>をクリックすると、クエリが削除され、取り込んだ表のAccessとのリンクが解除されます。

SECTION 163 ピボットテーブル

別ブックのデータで
ピボットテーブルを作成する

第6章 大量のデータを効率よく管理する技

ピボットテーブルは、別ブックにあるデータベースを使って作成することもできます。こうした場合は、別ブックのテーブルと接続するためのクエリを作成し、そのクエリを元にピボットテーブルを作成します（Excel 2016のみ）。

≫ 別のExcelブックのテーブルと接続する

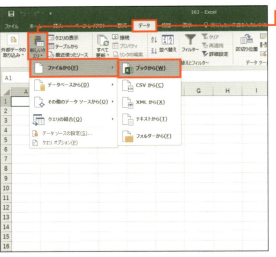

❶ ＜データ＞タブの＜新しいクエリ＞－＜ファイルから＞－＜ブックから＞をクリックします。

MEMO ファイルの種類を指定

ここでは、ピボットテーブルの元になるデータベースのファイルを指定します。ここではExcelの別ブックを指定しています

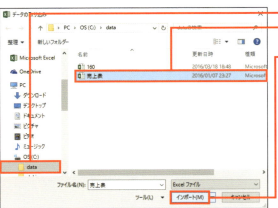

❷ データの保存場所を指定し、
❸ 接続するファイルをクリックして、
❹ ＜インポート＞をクリックします。

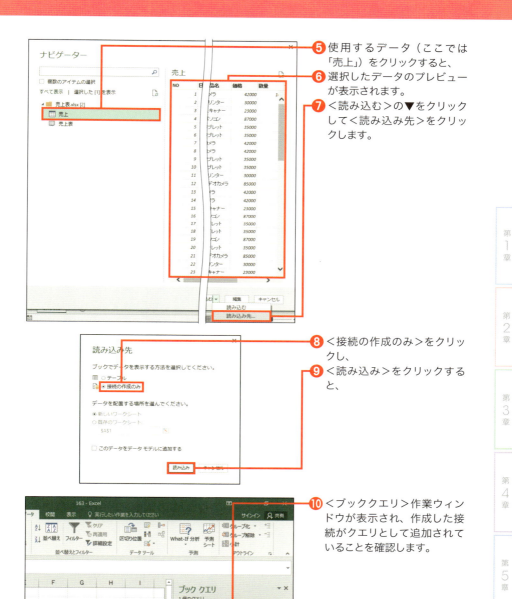

❺ 使用するデータ（ここでは「売上」）をクリックすると、
❻ 選択したデータのプレビューが表示されます。
❼ ＜読み込む＞の▼をクリックして＜読み込み先＞をクリックします。

❽ ＜接続の作成のみ＞をクリックし、
❾ ＜読み込み＞をクリックすると、

❿ ＜ブッククエリ＞作業ウィンドウが表示され、作成した接続がクエリとして追加されていることを確認します。

307

≫ ピボットテーブルを作成する

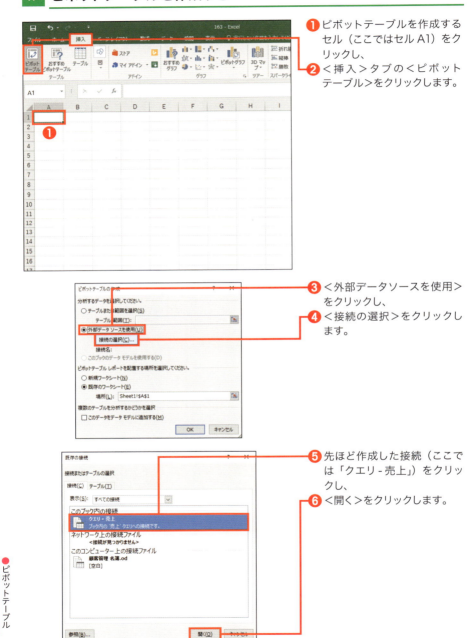

❶ ピボットテーブルを作成するセル（ここではセル A1）をクリックし、
❷ ＜挿入＞タブの＜ピボットテーブル＞をクリックします。

❸ ＜外部データソースを使用＞をクリックし、
❹ ＜接続の選択＞をクリックします。

❺ 先ほど作成した接続（ここでは「クエリ - 売上」）をクリックし、
❻ ＜開く＞をクリックします。

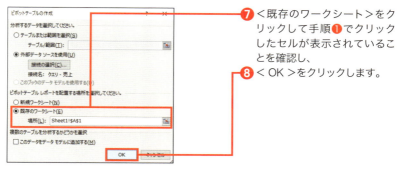

❼ ＜既存のワークシート＞をクリックして手順❶でクリックしたセルが表示されていることを確認し、

❽ ＜OK＞をクリックします。

❾ 空のピボットテーブルが作成されます。＜ピボットテーブルのフィールド＞には、接続先のテーブルのフィールド一覧が表示されます。

❿ フィールドを各エリアにドラッグしてピボットテーブルを作成します（ここでは＜行＞エリアに「商品名」、＜列＞エリアに「支店名」、＜値＞エリアに「金額」を追加）。

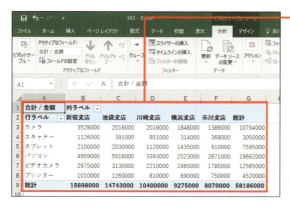

⓫ 別のブックにあるデータを使ってピボットテーブルが作成されます。

MEMO ブックを再度開いた場合

別ファイルとリンクしているブックを再度開くと、＜セキュリティの警告＞メッセージバーが表示され、外部データの接続が無効の状態で開きます（詳細はP.313参照）。

SECTION 164 データのリンク

リンクされたデータを最新の状態に更新する

第6章 大量のデータを効率よく管理する技

別ファイルのデータをリンクした状態の表やピボットテーブルは、取り込み元となるファイルでデータの変更があったとしても、変更点は即座に反映されません。ここでは、更新を手動で行う方法と、更新のタイミングを設定する方法を紹介します。

≫ データを手動で更新する

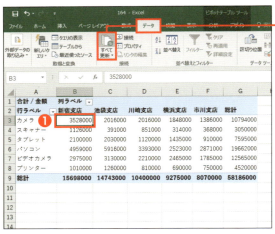

取り込み元とリンクしている表（ここでは、ピボットテーブル）を表示します。

❶ 表内をクリックし、
❷ <データ>タブの<すべて更新>をクリックすると、

MEMO エラーが表示される

ブックには、最初に接続したときのファイルのパスが保存されています。ファイルが削除されていたり、移動したりして、取り込み元ファイルが見つからない場合はエラーが発生します。その場合は、取り込み元ファイルの保存場所を確認し、同じ場所に同じファイルを配置するか、いったん接続を解除して、ファイルのある場所に同じクエリ名で接続しなおします。

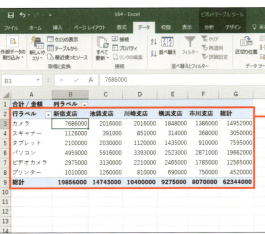

❸ 取り込み元ファイルのデータに更新されます。

MEMO 取り込み元を保存する

取り込み元のデータ変更が保存されていないと、<すべて更新>をクリックしてエラーが表示されなかったとしても、データは更新されません。

更新のタイミングを変更する

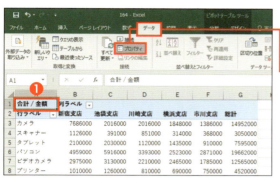

データがリンクしている表を表示します。

❶ 表内のセルをクリックし、
❷ <データ>タブの<プロパティ>をクリックします。Excel 2010では、<データ>タブの<接続>をクリックし、<ブックの接続>ダイアログボックスで接続の名前を選択して<プロパティ>をクリックします。

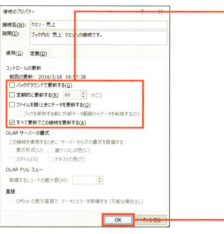

❸ <コントロールの更新>で更新方法をクリックしてチェックを付け、
❹ < OK >をクリックします。

📝 COLUMN

<コントロールの更新>の項目

<コントロールの更新>の項目は次の通りです。

項 目	内 容
バックグラウンドで更新する	オンのとき、取り込み元ファイルとのデータ更新中でもExcelの操作が続けられます。オフのとき、更新中はExcelの他の操作ができません。
定期的に更新する	オンのとき、取り込み元ファイルとのデータの更新を分単位で自動更新できます。
ファイルを開くときにデータを更新する	ファイルを開いたときに、自動的に取り込み元ファイルとデータの更新がされます。
すべて更新でこの接続を更新する	<すべて更新>をクリックしたときに取り込み元ファイルのデータと更新します。

311

第 6 章 大量のデータを効率よく管理する技

SECTION
165 取り込み元データとの リンクを解除する
データのリンク

外部データと接続されている表からリンクを外して独立した表にしたい場合や、取り込み元のファイルが移動してしまったため設定されている接続をやり直したい場合は、表からリンクを解除します。

表からリンクを削除する

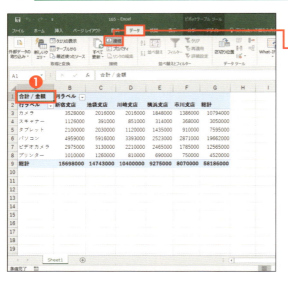

❶ 外部データとリンクしている表内をクリックし、
❷ ＜データ＞タブの＜接続＞をクリックします。

❸ 削除したい接続をクリックし、
❹ ＜削除＞をクリックします。

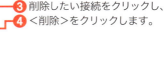

❺ メッセージを確認して＜OK＞をクリックし、＜ブックの接続＞ダイアログボックスに戻ったら＜閉じる＞をクリックします。

リンクの無効を解除する

外部データとリンクした状態でデータを取り込んでいるブックを再度開いたとき、＜セキュリティの警告＞メッセージバーが表示されます。このとき、リンクが無効の状態になっており、データの更新ができません。データの更新をするには、＜コンテンツの有効化＞をクリックして接続を有効にします。一度＜コンテンツの有効化＞をクリックして有効にすると、次回から有効な状態でブックが開きます。
なお、ブックを開いているときだけ一時的に有効にする方法もあります。併せて手順を確認しておきましょう。

● **リンクの無効を解除する**
＜コンテンツの有効化＞をクリックすると、いつもデータ接続が有効になり、データの更新が可能になります。

＜コンテンツの有効化＞をクリックすると、外部データ接続が有効になり、データの更新が可能になります。

● **一時的にリンクの無効を解除する**
現在のブックを開いているときだけデータ接続を有効にします。

❶ ＜ファイル＞タブー＜情報＞をクリックし、
❷ ＜コンテンツの有効化＞をクリックして、
❸ ＜詳細オプション＞を選択します。
❹ ＜ Microsoft Office セキュリティオプション＞ダイアログボックスで＜このセッションのコンテンツを有効にする＞をクリックし、
❺ ＜ OK ＞をクリックします。

313

●お勧めショートカットキー一覧

Excelの基本操作で役立つショートカットキー

キー	内容
Ctrl + N	ファイルの新規作成
Ctrl + S	上書き保存
F12	名前を付けて保存
Ctrl + O	ファイルを開く
Ctrl + W	ファイルを閉じる
Ctrl + P	印刷
F4	直前の操作を繰り返す
Ctrl + Z	元に戻す
Ctrl + Y	やり直す
Ctrl + C	コピー
Ctrl + X	切り取り
Ctrl + V	貼り付け
Ctrl + F	検索
Ctrl + H	置換
Alt + F4	Excelの終了

セル移動・範囲選択で役立つショートカットキー

キー	内容
Tab	右へ移動
Enter	下へ移動
Shift + Tab	左へ移動
Shift + Enter	上へ移動
Ctrl + Home	ワークシートの先頭のセルに移動
Ctrl + End	ワークシートの使用された最後のセルに移動
Home	行の先頭に移動
Ctrl + BackSpase	アクティブセルに戻る
Ctrl + ←→↑↓	データが入力されている端のセルに移動
Shift + ←→↑↓	セル範囲の拡張、縮小
Ctrl + Shift + ←→↑↓	データが入力されている端のセルまで選択
Ctrl + A	表全体、全セル選択
Ctrl + Space	列選択
Shift + Space	行選択
Ctrl + Shift + :	表全体選択

表作成で役立つショートカットキー

キー	内容
Ctrl + Shift + &	外枠罫線
Ctrl + Shift + _	罫線削除
Ctrl + +	セル、行、列の挿入
Ctrl + -	セル、行、列の削除
Ctrl + 9	行を非表示
Ctrl + 0	列を非表示
Ctrl + Shift + 9	非表示の行を再表示
Ctrl + T	テーブル作成
Ctrl + Shift + T	テーブルで集計行の表示／非表示
Ctrl + Shift + L	フィルターボタンの表示／非表示
F5	<ジャンプ>ダイアログボックス表示

文字の入力で役立つショートカットキー

キー	内容
F2	セル内の文字を編集する
Alt + Enter	セル内で改行する
Ctrl + D	1つ上のセルと同じデータを入力
Ctrl + R	左隣のセルと同じデータを入力
Alt + ↓	同じ列にあるデータをリスト表示
Ctrl + Enter	選択中のすべてのセルに同じデータを入力
Shift + Alt + ↑	ふりがな修正
Ctrl + ;	今日の日付を入力
Ctrl + :	現在の時刻を入力
Ctrl + K	ハイパーリンクの挿入
Shift + F2	コメントの挿入

数式の入力で役立つショートカットキー

キー	内容
F4 (数式入力中)	セルの参照方法の切り替え
Alt + Shift + =	SUM関数入力
Shift + F3	<関数の挿入>ダイアログボックス表示

書式設定で役立つショートカットキー

キー	内容
Ctrl + B	太字の設定／解除
Ctrl + I	斜体の設定／解除
Ctrl + U	下線の設定／解除
Ctrl + Shift + $	通貨の表示形式設定
Ctrl + Shift + 1	桁区切りの表示形式設定
Ctrl + Shift + %	パーセントの表示形式設定
Ctrl + Shift + #	日付の表示形式を設定
Ctrl + @	時刻の表示形式を設定
Ctrl + Shift + ~	標準の表示形式を設定
Ctrl + 1	<セルの書式設定>ダイアログボックス表示

ワークシートの操作で役立つショートカットキー

キー	内容
Shift + F11	新規ワークシート挿入
Ctrl + PageDown	次のワークシートに切り替え
Ctrl + PageUp	前のワークシートに切り替え
PageDown	1画面下にスクロール
PageUp	1画面上にスクロール
Alt + PageDown	1画面右にスクロール
Alt + PageUp	1画面左にスクロール

索引

A

Access ······ 301
AND条件 ······ 65, 77, 151
ASC関数 ······ 34
AVERAGE関数 ······ 182
AVERAGEIF関数 ······ 166, 168, 169
AVERAGEIFS関数 ······ 170

C

CLEAN関数 ······ 38
CONCATENATE関数 ······ 43, 103
COUNT関数 ······ 152
COUNTA関数 ······ 153
COUNTBLANK関数 ······ 153
COUNTIF関数 ······ 43, 156, 158, 159, 178
COUNTIFS関数 ······ 160, 162
CSV形式 ······ 292

D

DATE関数 ······ 135
DATEDIF関数 ······ 192
DCOUNT関数 ······ 164
DSUM関数 ······ 148, 150

I

IFERROR関数 ······ 188
INDEX関数 ······ 174
INDIRECT関数 ······ 191

J

JIS関数 ······ 35

L

LARGE関数 ······ 172

M

MATCH関数 ······ 175
MONTH関数 ······ 128, 130

O

OR条件 ······ 64, 77, 151

P

PDFファイル ······ 290
PHONETIC関数 ······ 185

R

RANK関数 ······ 177
RANK.EQ関数 ······ 176, 181

S

SMALL関数 ······ 173
STDEV.P関数 ······ 182
SUBSTITUTE関数 ······ 184
SUBTOTAL関数 ······ 120, 154
SUMIF関数
　······ 124, 126, 129, 131, 136, 139, 140
SUMIFS関数 ······ 142

T

TEXT関数 ······ 112, 132, 169
TODAY関数 ······ 74, 127, 131
TRIM関数 ······ 39, 299

INDEX

V
VLOOKUP関数 …………………………… 186

W
Webクエリ ………………………………… 284
WEEKDAY関数 …………………………… 138
WEEKNUM関数 …………………………… 134

Y
YEAR関数 ………………………………… 135

あ
アイコンセット ……………………………… 109
アウトライン ………………………………… 97
アウトライン形式 …………………………… 252
アクティブなフィールド …………………… 208
＜値＞エリア …………………………… 199, 261
値の貼り付け ………………………………… 36
値フィールド ………………………………… 198
＜値フィールドの設定＞ダイアログボックス
 …………………………………………… 209
値フィールドボタン ………………………… 260
値フィルター ………………………………… 230
新しいルール ………………………………… 101
色フィルター ………………………………… 73
インポート …………………………………… 292
インポート方法 ……………………………… 287
ウィンドウ枠の固定 ………………………… 28
エラー値 ……………………………………… 189
エラーメッセージ …………………………… 25
オートフィルター …………………………… 62
おすすめピボットテーブル ………………… 197

か
階層化 ………………………………………… 205
外部データの取り込み ……… 284, 292, 296
改ページ ……………………………………… 254
カラースケール ……………………………… 108
完全一致 ……………………………………… 79
＜行＞エリア ………………………………… 199
行の削除 ……………………………………… 31
行の選択 ……………………………………… 36
行の追加 ……………………………………… 30
行フィールド ………………………………… 198
行／列の切り替え …………………………… 270
クイックスタイル …………………………… 20
クイック分析ツール ………………………… 118
クイックレイアウト ………………………… 263
空白セルに表示する値 ……………………… 256
クエリ …………………………………… 301, 302
区切り線 ……………………………………… 297
グラフエリア ………………………………… 260
グラフスタイル ………………………… 266, 276
グラフタイトル ………………………… 260, 264
グラフの種類 ………………………………… 262
グラフのレイアウト ………………………… 263
グラフ要素 …………………………………… 276
クリア ………………………………………… 63
グループ化 ……………………………… 97, 234
クロス集計表 ………………………………… 204
計算式 ………………………………………… 32
系列 …………………………………………… 260
桁区切りカンマ ……………………………… 248
件数 …………………………………………… 90
構造化参照 …………………………………… 33
後方一致 ……………………………………… 79

317

● 索引

コンテンツの有効化	313
コントロールの更新	311
コンパクト形式	252

さ

＜軸（項目）＞エリア	261
軸フィールドボタン	260
軸ラベル	265
指定子	33
縞模様	91, 95, 251
集計結果の表示方向	207
集計フィールド	236
上位／下位ルール	106
小計	96, 99, 244
条件付き書式	100, 115, 116
シリアル値	129
数値フィルター	69, 70
スペース区切り	296
スライサー	82, 84, 215
スライサースタイル	85
制御文字	38
整数	24
セキュリティの警告	313
絶対参照	123
前方一致	79
相対参照	123

た

タイムライン	226
縦（値）軸	260
縦（値）軸目盛線	260
縦（値）軸ラベル	260
抽出	62

重複の削除	42, 103
データソース	213
データの更新	310
データの置換	40
データの追加	26
データの入力規則	21, 22, 24, 25
データバー	107
データベース	14
データ要素	260
データラベル	260
テーブル	18, 19, 301
テーブルの解除	95
テーブルの選択	36
テーブル名	27
テキストファイル	292, 296
テキストフィルター	67
統合	92
トップテンオートフィルター	71
トップテンフィルター	230
ドリルアップ	212
ドリルダウン	210

な

並べ替え	52, 60
入力値の種類	24
入力モード	21

は

範囲に変換	20, 95
凡例	260
＜凡例（系列）＞エリア	261
凡例フィールドボタン	260
比較演算子	138

INDEX

日付フィルター ……………………… 74
ピボットグラフ ……………………… 258
ピボットテーブル ………………… 194, 306
ピボットテーブルスタイル …………… 250
ピボットテーブルツール ……………… 198
ピボットテーブルをクリア …………… 219
表形式………………………………… 253
表示形式…………………………… 248, 295
フィールド …………………………… 14
フィールドセクション …………… 199, 261
フィールドボタン …………………… 271
＜フィールドリスト＞ウィンドウ
　………………………………… 198, 199, 261
フィルター …………………………… 228
＜フィルター＞エリア …………… 199, 261
フィルターフィールド ……………… 198
フィルターボタン …………………… 198
フォーム ……………………………… 44
複合参照……………………………… 123
ブッククエリ ………………………… 307
部分一致……………………………… 79
フリガナ ………………………… 55, 184
プロットエリア ……………………… 260
平均…………………………………… 88
偏差値………………………………… 182

ま

満年齢………………………………… 192
未入力………………………………… 79

や

ユーザー設定フィルター …………… 68
ユーザー設定リスト …………… 56, 222

横（項目）軸………………………… 260
横（項目）軸ラベル ………………… 260

ら

ラベルフィルター …………………… 232
リスト………………………………… 22
リンク…………………………… 283, 294, 305
リンクの解除 ……………………… 286, 312
累計…………………………………… 122
ルールのクリア ……………………… 115
レイアウトセクション …………… 199, 261
レコード ……………………………… 14
＜列＞エリア ………………………… 199
列の削除……………………………… 31
列の選択……………………………… 36
列の追加……………………………… 30
列フィールド ………………………… 198
連番…………………………………… 53

わ

ワイルドカード ………………… 68, 140

319

お問い合わせについて

本書に関するご質問については、本書に記載されている内容に関するもののみとさせていただきます。本書の内容と関係のないご質問につきましては、一切お答えできませんので、あらかじめご了承ください。また、電話でのご質問は受け付けておりませんので、必ずFAXか書面にて下記までお送りください。
なお、ご質問の際には、必ず以下の項目を明記していただきますよう、お願いいたします。

① お名前
② 返信先の住所またはFAX番号
③ 書名（今すぐ使えるかんたんEx　Excelデータベース プロ技 BESTセレクション［Excel 2016/2013/2010対応版］）
④ 本書の該当ページ
⑤ ご使用のOSとソフトウェアのバージョン
⑥ ご質問内容

なお、お送りいただいたご質問には、できる限り迅速にお答えできるよう努力いたしておりますが、場合によってはお答えするまでに時間がかかることがあります。また、回答の期日をご指定なさっても、ご希望にお応えできるとは限りません。あらかじめご了承くださいますよう、お願いいたします。

問い合わせ先

〒162-0846
東京都新宿区市谷左内町21-13
株式会社技術評論社　書籍編集部
「今すぐ使えるかんたんEx Excelデータベース プロ技 BESTセレクション［Excel 2016/2013/2010対応版］」質問係
FAX番号　03-3513-6167　　URL：http://book.gihyo.jp

お問い合わせの例

FAX

① お名前
　技術　太郎
② 返信先の住所またはFAX番号
　03-××××-××××
③ 書名
　今すぐ使えるかんたんEx
　Excelデータベース
　プロ技 BEST セレクション
　［Excel 2016/2013/2010 対応版］
④ 本書の該当ページ
　100 ページ
⑤ ご使用のOSとソフトウェアの
　バージョン
　Windows 10
　Excel 2016
⑥ ご質問内容
　結果が正しく表示されない

※ご質問の際に記載いただきました個人情報は、回答後速やかに破棄させていただきます。

今すぐ使えるかんたんEx

Excelデータベース　プロ技 BESTセレクション
［Excel 2016/2013/2010対応版］

2016年10月25日　初版　第1刷発行

著者……………………………国本　温子
発行者…………………………片岡　巌
発行所…………………………株式会社 技術評論社
　　　　　　　　　　　　　　東京都新宿区市谷左内町21-13
　　　　　　　　　　　　　　電話　03-3513-6150　販売促進部
　　　　　　　　　　　　　　　　　03-3513-6160　書籍編集部
装丁デザイン…………………神永　愛子（primary inc.,）
カバーイラスト………………©koti - Fotolia
本文デザイン…………………今住　真由美（ライラック）
DTP ……………………………はんぺんデザイン
編集……………………………鷹見　成一郎
製本／印刷……………………日経印刷株式会社

定価はカバーに表示してあります。

落丁・乱丁がございましたら、弊社販売促進部までお送りください。交換いたします。
本書の一部または全部を著作権法の定める範囲を超え、無断で複写、複製、転載、テープ化、ファイルに落とすことを禁じます。

© 2016　国本温子

ISBN978-4-7741-8373-2 C3055
Printed in Japan